Rotes Heft 75

Vorbeugender Brandschutz

von

Dipl.-Ing. Frieder Kircher

Leitender Branddirektor i. R.

Dipl.-Ing. Rainer Sonntag

Brandassessor

2., aktualisierte Auflage

Verlag W. Kohlhammer

Wichtiger Hinweis

Die Verfasser haben größte Mühe darauf verwendet, dass die Angaben und Anweisungen dem jeweiligen Wissensstand bei Fertigstellung des Werkes entsprechen. Weil sich jedoch die technische Entwicklung sowie Normen und Vorschriften ständig im Fluss befinden, sind Fehler nicht vollständig auszuschließen. Daher übernehmen die Autoren und der Verlag für die im Buch enthaltenen Angaben und Anweisungen keine Gewähr.

Die Abbildungen stammen – soweit nicht anders angegeben – von den Autoren.

2., aktualisierte Auflage 2026

Gesamtherstellung:
W. Kohlhammer GmbH, Heßbrühstr. 69, 70565 Stuttgart
produktsicherheit@kohlhammer.de

Print:
ISBN 978-3-17-040610-0

E-Book-Formate:
pdf: ISBN 978-3-17-040612-4
epub: ISBN 978-3-17-040613-1

Inhaltsverzeichnis

Vorwort zur 2. Auflage

Sie halten nun die zweite Auflage des Roten Heftes »Vorbeugender Brandschutz« in der Hand. Wieviel hat sich verändert? Auf den ersten Blick wird man nicht viel bemerken, aber allein die Aktualisierung aller Rechtsgrundlagen auf den neuesten Stand verlangte schon einiges an Aufwand. Gerade ein Fachgebiet wie der Vorbeugende Brandschutz entwickelt sich stetig fort. Ob es die weitere Entwicklung des Holzbaus und dabei insbesondere die Anpassung der Bauordnungen oder die Fortentwicklungen im organisatorischen Brandschutz sind – es sind mehr als Details, die sich an die sich veränderte Zeit angepasst haben. Wir haben trotzdem am bewahrten Konzept festgehalten und großen Wert darauf gelegt, Vorbeugenden Brandschutz mit all seinen Hintergründen zu verstehen. Denn nur wenn man richtig versteht, was mit den Maßnahmen erreicht werden soll, kann man auch immer wieder die verlangten Ermessensentscheidungen richtig treffen. Wir wünschen Ihnen wie immer eine spannende Lektüre und dass Sie möglichst schnell das finden, was Sie zur Lösung der aufgetretenen Fragestellungen benötigen.

1 Einleitung

Kann man den »Vorbeugenden Brandschutz« abschließend in einem Roten Heft behandeln?

Diese Frage stellten sich die Verfasser bei Beginn der Arbeit an dem vorliegenden Roten Heft und kamen zu dem eindeutigen Schluss: Nein, es geht nicht. Deshalb die Arbeit einstellen? Auf keinen Fall. Wir verfolgen also nicht das Ziel, hier eine abschließende Darstellung aller Aspekte des Vorbeugenden Brandschutzes niederzulegen. Aber was wollen wir dann erreichen?

Das Rote Heft soll eine Hilfestellung insbesondere für Feuerwehrleute und Planer sein, um einen möglichst fundierten Überblick über das Thema »Vorbeugender Brandschutz« zu bekommen, ohne sich gleich in detaillierten Feinheiten zu verlieren. Es soll so viel Wissen vermitteln, dass der Leser die Grundlagen des »Vorbeugenden Brandschutzes« versteht, diese anwenden kann und in der Lage ist, daraus Lösungen zu entwickeln oder mit Hilfe weiterer Literatur an komplexe Problemstellungen herantreten kann. Der Wunsch des Überblicks auf der Basis der grundlegenden Philosophien, orientiert an dem aktuellen Stand des Wissens und der Rechtsquellen, hat uns dazu gebracht, dieses handliche Werk zu verfassen. Es ist in zwei grundlegende Teile aufgespaltet:

Der erste Teil beschreibt umfassend die Grundlagen, die für das Verständnis eines Brandschutzkonzeptes für ein Gebäude erforderlich sind. Wesentlicher Kernpunkt ist dabei die Orientierung an den Schutzzielen der Bauordnung. Diese Schutzziele geben den gesetzlichen Auftrag für alle Maßnahmen des Vorbeugenden Brandschutzes. Die Darstellung der Möglichkeiten der Verwirklichung dieser Schutzziele in baulicher, anlagentechnischer und organisatorischer Hinsicht ergibt die Basis für das Verstehen der Philosophie des Vorbeugenden Brandschutzes. Die Anwendung dieses Wissens führt zu brauchbaren Brandschutzkonzepten und stellt damit die Erfüllung der Forderungen des Vorbeugenden Brandschutzes dar. Die Autoren verfolgen nicht das Ziel, in umfangreicher »Schräubchenkunde« möglichst viele Fakten darzustellen, sondern wollen das Verständnis für die Zusammenhänge wecken. Wer tiefer in Details einsteigen möchte, muss auf weiterführende Fachliteratur zurückgreifen. Die Beschränkung auf die wesentlichen Grundlagen zum Verständnis der Philosophie ermöglicht einem breiten Leserkreis den Einstieg in ein Fachgebiet, mit dem man ohne große Probleme den Stoffumfang eines Hauptstudiums einer Ingenieurswissenschaft füllen kann.

Im zweiten Teil wird anhand grundlegender Prinzipien der Brandschutzkonzepte von Sonderbauten exemplarisch dargestellt, wie der Vorbeugende Brandschutz bei komplexen Gebäuden realisiert wird. Damit wird die Anwendung der Grundprinzipien beispielhaft vorgestellt und der vorangehende erste Teil für Gebäude unterschiedlicher Nutzung konkretisiert.

Die Zielgruppe dieses Roten Heftes ist sehr breit gefasst. Sie reicht vom Feuerwehrangehörigen, der sich über die Grundausbildung hinaus mit diesem Fachgebiet befassen will, über den Architekten und Bauingenieur, der grundlegend verstehen will, was ein Brandschutzfachplaner an Forderungen und

Konzepten aufstellt, bis hin zum Baurechtler, der wissen möchte, wie die Schutzziele des Brandschutzes der Bauordnung in der Praxis verwirklicht werden können. Wir haben deshalb versucht, das Heft möglichst so zu schreiben, dass die kryptische Fachsprache des Brandschutzes weit im Hintergrund bleibt.

Wichtiger Hinweis:

Da sich die Bauordnungen und Sonderbauvorschriften der einzelnen Länder in Details durchaus voneinander unterscheiden können, sind bei der Beurteilung von Gebäuden und anderen baulichen Anlagen grundsätzlich die für das jeweilige Bundesland gültigen Vorschriften in der aktuell geltenden Fassung zu beachten!

2 Rechtsgrundlagen des Vorbeugenden Brandschutzes

2.1 Allgemeines

Das grundlegende Rechtsgebiet, in dem die Anforderungen des Vorbeugenden Brandschutzes formuliert sind, ist das Bauordnungsrecht. Es ist ein Teilgebiet des öffentlichen Baurechtes und hat schwerpunktmäßig die Aufgabe, gesetzliche Grundlagen für die Gefahrenabwehr durch die Ordnungsbehörden hinsichtlich der Erstellung von baulichen Anlagen zu schaffen. Die grundlegenden Gesetze hierfür sind die Landesbauordnungen (LBO) der Bundesländer. Hierüber handelt im Wesentlichen das nachfolgende Kapitel.

Darüber hinaus gibt es noch Regelungen bezüglich des Vorbeugenden Brandschutzes im Baunebenrecht, das im ► Kapitel 2.6 kurz beschrieben wird.

Definition:

Das Baurecht ist die Summe der Rechtsvorschriften, welche die Planung und Ausführung von Bauwerken und sonstigen baulichen Anlagen betreffen. Sie regeln die Ordnung des Bauwesens, sowie, zur Ordnung des bebauten und zu bebauenden Bodens, den Inhalt, die Form und die Grenzen der hoheitlichen Betätigung und bestimmen gleichzeitig die Rechtsstellung (die Pflichten und Rechte) des Staatsbürgers im Verhältnis zur öffentlichen Gewalt. (Polthier 1998)

2.2 Musterbauordnung

Das grundlegende Gesetz zur Regelung gebäudebezogener Ordnungsfragen ist die Landesbauordnung des jeweiligen Bundeslandes. Diese wird von den jeweiligen Landtagen als Legislativen beschlossen.

Die Zuständigkeit für den Erlass »baupolizeilicher Regelungen« durch die Bundesländer war nach der Veröffentlichung des Grundgesetzes (GG) im Jahr 1949 nicht unumstritten: Gemäß Art. 74 Nr. 18 des Grundgesetzes vom 23. Mai 1949 stand dem Bund das Recht für die Gesetzgebung hinsichtlich des Grundstücksverkehrs, des Bodenrechts sowie des Wohnungswesens zu. Daraus konnte man schließen, dass der Bund auch Regelungen für die sichere Planung von Wohnbauten erlassen könnte – als Regelungen zum Bauordnungsrecht. Dieses wurde aber schon immer als Teil des Polizeirechts gesehen, welches entsprechend Art. 70 Abs. 1 GG eindeutig Angelegenheit der Bundesländer ist.

Im Rahmen eines Rechtsgutachtens des Bundesverfassungsgerichtes (auch Weinheimer Gutachten genannt) wurde festgestellt, dass aus Art. 74 Nr. 18 GG nicht eindeutig zu schließen ist, dass der Bund auch für bauordnungsrechtliche Regelungen ein Gesetzgebungsrecht besitzt.

Daher haben sich am 21. Januar 1955 der damalige Bundesbauminister und die Bauminister der Länder darauf geeinigt, dass der Bund von seiner Gesetzgebungskompetenz keinen Gebrauch macht, wenn die Länder das Bauordnungsrecht möglichst einheitlich regeln.

Damit das Bauordnungsrecht möglichst einheitlich wird, hat man sich beim Abschluss der Vereinbarung von Bad Dürkheim darauf verständigt, eine Musterbauordnung (MBO) zu entwerfen, an der sich alle Landesbauordnungen orientieren sollten.

Eine Musterbauordnungskommission entwarf daraufhin ein Muster, das einen Kompromiss zwischen den unterschiedlichen Auffassungen der nord- und süddeutschen Länder darstellen sollte. Der erste Entwurf wurde im Januar 1960 vorgelegt. Die Musterbauordnung wurde seitdem mehrfach überarbeitet und ist zurzeit in der Fassung vom November 2002, zuletzt geändert im September 2024, gültig. Zur Vereinfachung der Betrachtungen wird nachfolgend nur auf diese Musterbauordnung eingegangen. Die Verfasser sind sich wohl im Klaren darüber, dass im Rahmen eines Bauvorhabens der Bezug auf die örtlich gültige Landesbauordnung hergestellt werden muss, zumal die Landesbauordnungen im Detail doch die eine oder andere Abweichung von der Musterbauordnung aufweisen.

2.3 Bauordnung der DDR und der ostdeutschen Länder

In der ehemaligen DDR entwickelte sich nach dem Krieg ein eigenständiges Baurecht. Die »Deutsche Bauordnung« wurde am 2. Oktober 1958 in Kraft gesetzt und in den folgenden Jahren durch weitere Vorschriften ergänzt. In Vorbereitung der deutschen Einheit wurde mit Datum vom 20. Juli 1990 ein

Gesetz von der Volkskammer erlassen, das im Wesentlichen die Regelungen der damals gültigen Musterbauordnung aufgriff.

Die deutsche Wiedervereinigung wäre die einmalige Chance gewesen, von der föderalen Struktur der Bauordnungen, die sich angesichts der immer weiter um sich greifenden Europäisierung im Bauwesen als äußerst hinderlich erwiesen haben und nicht mehr zeitgemäß erschienen, zu einem bundeseinheitlichen Baurecht zu gelangen. Leider wurde diese Chance verpasst!

Nach einer kurzen Übergangszeit haben alle neuen Bundesländer eigene Landesbauordnungen erlassen und sich in das System der Musterbauordnung eingeordnet.

2.4 Aufbau der Musterbauordnung

Teil 1 Allgemeine Vorschriften
Im ersten Teil werden neben den Begriffsdefinitionen (Gebäudearten und -klassen, Bauprodukte, Begriff des Geschosses usw.) insbesondere die allgemeinen Anforderungen aufgeführt.

Teil 2 Das Grundstück und seine Bebauung
Bezüglich des Vorbeugenden Brandschutzes sind im zweiten Teil insbesondere die Regelungen für Zufahrten und Zugänge zu beachten. Aber auch die baurechtlich erforderlichen Abstandsflächen stellen mit einen Beitrag zum Vorbeugenden Brandschutz dar.

Teil 3 Bauliche Anlagen

In diesem Teil sind die umfangreichsten Anforderungen an die einzelnen Teile von Gebäuden hinsichtlich des Brandschutzes aufgeführt.

Der Abschnitt 1 ist für den Brandschutz ohne Bedeutung.

Abschnitt 2 »Allgemeine Anforderungen an die Bauausführung«: Hier sind die grundsätzlichen Anforderungen an den Brandschutz festgelegt. Darin findet man sowohl die Schutzziele hinsichtlich des Brandschutzes als auch die Forderung nach Herstellung eines zweiten Rettungsweges, der sowohl als baulicher Rettungsweg ausgebildet werden als auch bis zu einer bestimmten Höhe über Leitern der Feuerwehr erfolgen kann.

Abschnitt 3 »Bauprodukte, Bauarten«: Dieser Abschnitt befasst sich mit Regelungen für die Zulassung von Bauprodukten und Bauarten. Hierin wird insbesondere das System der Prüfungen und Zulassungen für Baustoffe und Bauteile festgelegt.

Abschnitt 4 »Brandverhalten von Baustoffen und Bauteilen; Wände, Decken, Dächer«: In Abhängigkeit von der Gebäudeklasse sind die Anforderungen an den Feuerwiderstand der abschottenden Bauteile aufgeführt.

Abschnitt 5 »Rettungswege, Öffnungen, Umwehrungen«: Dieser Abschnitt widmet sich der Ausführung von Treppenräumen und Fluren, insbesondere bezüglich der brandschutztechnischen Qualität der Umfassungswände und der Entfernung von sicheren Treppen vom jeweiligen Aufenthaltsraum (Rettungsweglänge). Er regelt die Notwendigkeit der Rauchfreihaltung von Treppenräumen, definiert was man unter einem Sicherheitstreppenraum versteht und wie groß Fenster sein müssen, damit sie als Rettungsfenster beim Einsatz von Leitern der Feuerwehr zur Menschenrettung genutzt werden können.

Abschnitt 6 »Technische Gebäudeausrüstung«: Lüftungsleitungen und haustechnische Anlagen stellen insbesondere hinsichtlich der Brandausbreitung ein besonderes Risiko dar, weshalb hier besondere Anforderungen aufgestellt werden.

Abschnitt 7 »Nutzungsbedingte Anforderungen«: Hier werden die Anforderungen an Aufenthaltsräume und Wohnungen festgelegt. Dabei werden insbesondere auch Bedingungen für Aufenthaltsräume in Kellern und Dachgeschossen definiert.

Mit diesen sieben Abschnitten bildet der Teil »Bauliche Anlagen« den Kernteil der Musterbauordnung.

Teil 4 Die am Bau Beteiligten
Hier werden die Pflichten des Bauherrn, des Entwurfsverfassers, des Unternehmers und des Bauleiters beschrieben.

Teil 5 Bauaufsichtsbehörden, Verfahren
Dieser Teil klärt insbesondere, wie die Verschiedenheit des Umfanges einer baulichen Anlage mit unterschiedlichen Baugenehmigungsverfahren berücksichtigt wird. Dabei gibt es

Bauvorhaben, die generell genehmigungsfrei sind, Bauvorhaben, die mit einem vereinfachten Verfahren bearbeitet werden, und solche, die ein vollwertiges Genehmigungsverfahren durchlaufen müssen. Welche Unterlagen für einen Bauantrag als Bauvorlagen eingereicht werden müssen, gehört genauso dazu, wie die Bedingungen für Abweichungen von den Regelungen.

Teil 6 Ordnungswidrigkeiten, Rechtsvorschriften, Übergangs- und Schlussvorschriften
Hier wird festgelegt, welche Verstöße als Ordnungswidrigkeit geahndet werden.

Da die Festlegungen der Musterbauordnung bzw. der Landesbauordnungen allgemein gehalten werden müssen, wird in diesem Abschnitt auch die Möglichkeit eingeräumt, durch Rechtsverordnungen allgemeine Festlegungen zu konkretisieren. Dazu gehören z. B. die Versammlungsstättenverordnung oder die Garagenverordnung, welche konkrete Anforderungen an diese Art von baulichen Anlagen definieren.

2.5 Grundlegende Paragrafen für den Vorbeugenden Brandschutz

2.5.1 Begriffe

Bauliche Anlagen
Die MBO versteht unter »baulichen Anlagen« mit dem Erdboden verbundene, aus Bauprodukten hergestellte Anlagen.

Als mit dem Erdboden verbundene Anlagen betrachtet sie auch Anlagen, die nach ihrem Verwendungszweck weitgehend ortsfest benutzt werden (z. B. Schwimmdocks).

Gebäudeklassen

Die Gebäudeklassen sind in der derzeit gültigen MBO (Fassung vom November 2002, zuletzt geändert durch Beschluss der Bauministerkonferenz vom November 2023) vollkommen neu strukturiert worden. Grund ist die Herstellung einer Verbindung zwischen Gebäudehöhe sowie Zahl und Größe der Nutzungseinheiten. In der alten MBO waren steigende Anforderungen an Gebäude allein an die Gebäudehöhe gekoppelt. Jetzt wird die Größe und Zahl der Nutzungseinheiten, unabhängig von ihrer Nutzung, miteinbezogen. Damit wird die früher umstrittene Überbewertung des Brandschutzes von kleinen Nutzungseinheiten (z. B. Arzt- oder Rechtsanwaltspraxen), insbesondere hinsichtlich der Forderung nach einem zweiten baulichen Rettungsweg, relativiert.

Die Gebäudeklassen sind wie folgt gegliedert (▶ Bild 1):

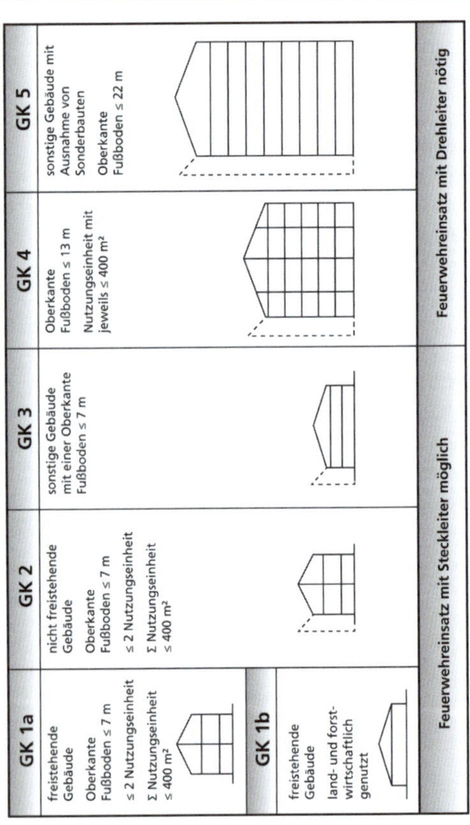

Bild 1: ***Übersicht über die Gebäudeklassen der Musterbauordnung (Quelle: W. Kohlhammer GmbH)***

Gebäudeklasse 1:
freistehende Gebäude mit einer Höhe bis zu 7 m und nicht mehr als zwei Nutzungseinheiten von insgesamt nicht mehr als 400 m^2 und
freistehende land- oder forstwirtschaftlich genutzte Gebäude,

Gebäudeklasse 2:
Gebäude mit einer Höhe bis zu 7 m und nicht mehr als zwei Nutzungseinheiten von insgesamt nicht mehr als 400 m^2,

Gebäudeklasse 3:
sonstige Gebäude mit einer Höhe bis zu 7 m,

Gebäudeklasse 4:
Gebäude mit einer Höhe bis zu 13 m und Nutzungseinheiten mit jeweils nicht mehr als 400 m^2,

Gebäudeklasse 5:
sonstige Gebäude einschließlich unterirdischer Gebäude.

Höhe im Sinne der MBO ist das Maß der Fußbodenoberkante des höchstgelegenen Geschosses, in dem ein Aufenthaltsraum möglich ist, über der Geländeoberfläche im Mittel.

Die Grundflächen der Nutzungseinheiten im Sinne der MBO sind die Brutto-Grundflächen. Bei der Berechnung der Brutto-Grundflächen zur Einteilung in die Gebäudeklassen bleiben Flächen in Kellergeschossen außer Betracht.

Sonderbauten

Von den Gebäudeklassen ist die Einstufung eines Sonderbaus zu unterscheiden. Je höher ein Gebäude, desto größer wird die Gebäudeklasse sein. Die Einstufung als Sonderbau zielt auf die Nutzung ab. So kann beispielsweise eine Kindertagesstätte mit einer Gruppe in einem Gebäude der Gebäudeklasse 1 sein, wegen der Nutzung als Kindertagesstätte aber als Sonderbau eingestuft sein.

Während der Begriff der Sonderbauten früher erst im § 51 MBO definiert war, wird in der derzeit gültigen MBO bereits im Abschnitt »Begriffe« festgelegt, was man unter Sonderbauten versteht. Dies ist insbesondere bedeutsam, da für Sonderbauten von der MBO abweichende Forderungen aufgestellt werden können.

Sonderbauten sind Anlagen und Räume besonderer Art oder Nutzung, die einen der nachfolgenden Tatbestände erfüllen:

1. Hochhäuser (Gebäude mit einer Höhe nach Absatz 3 Satz 2 von mehr als 22 m),
2. bauliche Anlagen mit einer Höhe von mehr als 30 m,
3. Gebäude mit mehr als 1 600 m² Grundfläche des Geschosses mit der größten Ausdehnung, ausgenommen Wohngebäude und Garagen,
4. Verkaufsstätten, deren Verkaufsräume und Ladenstraßen eine Grundfläche von insgesamt mehr als 800 m² haben,
5. Gebäude mit Räumen, die einer Büro- oder Verwaltungsnutzung dienen und einzeln eine Grundfläche von mehr als 400 m² haben,

6. Gebäude mit Räumen, die einzeln für die Nutzung durch mehr als 100 Personen bestimmt sind,
7. Versammlungsstätten
   a) mit Versammlungsräumen, die insgesamt mehr als 200 Besucher fassen, wenn diese Versammlungsräume gemeinsame Rettungswege haben,
   b) im Freien mit Szenenflächen sowie Freisportanlagen jeweils mit Tribünen, die keine Fliegenden Bauten sind und insgesamt mehr als 1 000 Besucher fassen,
8. Schank- und Speisegaststätten mit mehr als 40 Gastplätzen in Gebäuden oder mehr als 1 000 Gastplätzen im Freien, Beherbergungsstätten mit mehr als 12 Betten und Spielhallen mit mehr als 150 m^2 Grundfläche,
9. Gebäude mit Nutzungseinheiten zum Zwecke der Pflege oder Betreuung von Personen mit Pflegebedürftigkeit oder Behinderung, deren Selbstrettungsfähigkeit eingeschränkt ist, wenn die Nutzungseinheiten
   a) einzeln für mehr als sechs Personen, oder
   b) für Personen mit Intensivpflegebedarf bestimmt sind, oder
   c) einen gemeinsamen Rettungsweg haben und für insgesamt mehr als 12 Personen bestimmt sind,
10. Krankenhäuser,
11. sonstige Einrichtungen zur Unterbringung von Personen sowie Wohnheime,

12. Tageseinrichtungen für Kinder, Menschen mit Behinderung und alte Menschen, ausgenommen Tageseinrichtungen einschließlich Tagespflege für nicht mehr als zehn Kinder,
13. Schulen, Hochschulen und ähnliche Einrichtungen,
14. Justizvollzugsanstalten und bauliche Anlagen für den Maßregelvollzug,
15. Camping- und Wochenendplätze,
16. Freizeit- und Vergnügungsparks,
17. Fliegende Bauten, soweit sie einer Ausführungsgenehmigung bedürfen,
18. Regallager mit einer Oberkante Lagerguthöhe von mehr als 7,50 m,
19. bauliche Anlagen, deren Nutzung durch Umgang oder Lagerung von Stoffen mit Explosions- oder erhöhter Brandgefahr verbunden ist,
20. Anlagen und Räume, die in den Nummern 1 bis 19 nicht aufgeführt und deren Art oder Nutzung mit vergleichbaren Gefahren verbunden sind.

Dabei ist es wichtig zu beachten, dass für Sonderbauten sowohl Verschärfungen als auch Erleichterungen von den einzelnen Paragrafen der MBO zur Erfüllung der allgemeinen Anforderungen an Bauwerke ermöglicht werden können. Analog zur MBO hat die ARGEBAU Muster-Sonderbauverordnungen erstellt. Diese dienen als Vorlage für die Rechtsverordnungen der Länder.

Aufenthaltsräume

In vielen Paragrafen der MBO werden Forderungen aufgestellt, die an das Vorhandensein von Aufenthaltsräumen geknüpft sind. Das sind z. B. Forderungen an die Rauchableitung, das Vorhandensein eines 2. Rettungsweges oder des direkten Anschlusses an einen gesicherten 1. Rettungsweg. Es gibt auch Grenzfälle, in denen abzuwägen ist, ob es sich bei dem Raum um einen Aufenthaltsraum handelt oder um einen Lagerraum. Typischer Grenzfall ist z. B. der Lagerraum für den Hausmeister im Kellergeschoss einer Wohnanlage, in dem eine Werkbank steht.

Nach MBO sind Aufenthaltsräume Räume, »die zum nicht nur vorübergehenden Aufenthalt von Menschen bestimmt oder geeignet sind.«

Im oben genannten Fall muss also klargestellt werden, dass die Werkbank nicht für regelmäßige Arbeiten benutzt wird, sondern nur im unregelmäßigen Ausnahmefall.

Geschosse

Da die Zahl der Geschosse für die Einordnung in die Gebäudeklassen und damit für das erforderliche Sicherheitsniveau von Bedeutung ist, muss dieser Begriff auch festgeschrieben sein.

Die MBO definiert Geschosse folgendermaßen: »Geschosse sind oberirdische Geschosse, wenn ihre Deckenoberkanten im Mittel mehr als 1,40 m über die Geländeoberfläche hinausragen; im Übrigen sind sie Kellergeschosse. Hohlräume zwischen der obersten Decke und der Bedachung, in denen Aufenthaltsräume nicht möglich sind, sind keine Geschosse.«

2.5.2 Schutzziele

Die Landesbauordnungen stellen Gesetze dar, die zum Schutz der Nutzer von baulichen Anlagen aufgestellt wurden. Daher ist es wichtig zu wissen, von welchen Schutzzielen diese Gesetze ausgehen. Die allgemeinen Anforderungen sind in § 3 MBO definiert:

> **§ 3 Allgemeine Anforderungen**
>
> **Anlagen sind so anzuordnen, zu errichten, zu ändern und instand zu halten, dass die öffentliche Sicherheit und Ordnung, insbesondere Leben, Gesundheit und die natürlichen Lebensgrundlagen, nicht gefährdet werden; dabei sind die Grundanforderungen an Bauwerke gemäß Anhang I der Verordnung (EU) Nr. 305/2011 zu berücksichtigen. Dies gilt auch für die Beseitigung von Anlagen und bei der Änderung ihrer Nutzung.**

Die allgemeine Grundaussage des § 3 MBO gibt die Voraussetzung für die nachfolgenden Forderungen hinsichtlich des Brandschutzes, die im Wesentlichen auf dem § 14 MBO beruhen. In diesem Paragrafen werden die speziellen Schutzziele des Brandschutzes festgelegt, die in den nachfolgenden Kapiteln als Grundlage des Vorbeugenden Brandschutzes ausführlich erläutert werden. Diese Schutzziele sind im Wesentlichen identisch mit den Grundanforderungen an Bauwerke gemäß Anhang I der Verordnung (EU) Nr. 305/2011, die hier nicht mehr explizit erwähnt werden.

§ 14 Brandschutz

Bauliche Anlagen sind so anzuordnen, zu errichten, zu ändern und instand zu halten, dass der Entstehung eines Brandes und der Ausbreitung von Feuer und Rauch (Brandausbreitung) vorgebeugt wird und bei einem Brand die Rettung von Menschen und Tieren sowie wirksame Löscharbeiten möglich sind.

Der § 14 MBO bildet die fundamentale Grundlage des Vorbeugenden Brandschutzes und findet sich auch in den grundlegenden europäischen Anforderungen wieder. Auf diese Schutzziele bauen alle anderen Teile, sowohl der Landesbauordnungen als auch weiterer Vorschriften, auf. In Verbindung mit § 3 Abs. 1 MBO sind sie die Grundlage des gesetzgeberischen Willens hinsichtlich des Vorbeugenden Brandschutzes in der Bundesrepublik Deutschland. Alle weiteren Vorschriften stellen eine Ausführung bzw. die Verwirklichung dieser Grundideen dar.

Im Verlauf dieses Roten Heftes wird auf folgende Schutzziele eingegangen:

1. Vorbeugung der Entstehung eines Brandes,
2. Vorbeugung der Ausbreitung von Feuer,
3. Vorbeugung der Ausbreitung von Rauch,
4. Rettung von Menschen und Tieren ermöglichen,
5. wirksame Löscharbeiten ermöglichen.

2.6 Sonstige Rechtsgebiete

Im Baunebenrecht werden Rechtsbereiche angesprochen, die zwar im Zusammenhang mit der Erstellung einer baulichen Anlage stehen (z. B. Naturschutzrecht, Denkmalschutzrecht), aber nicht unbedingt mit der Erteilung einer Baugenehmigung erfüllt sein müssen. Sie stellen eigenständige Rechtsgebiete dar, die der Bauherr und seine Beauftragten erfüllen müssen. Belange des Vorbeugenden Brandschutzes sind im Wesentlichen in den Gebieten

- des Umweltrechts (z. B. Bundes-Immissionsschutzgesetz) sowie
- der Sicherheit und des Gesundheitsschutzes für Beschäftigte (z. B. Arbeitsstättenverordnung, Strahlenschutzverordnung, Betriebssicherheitsverordnung) zu beachten.

Auf Basis des Bundes-Immissionsschutzgesetzes (BImSchG) wurde die Störfall-Verordnung (12. BImSchV) erlassen, die z. B. Anforderungen an die Sicherheit von besonders gefährlichen Anlagen stellt und die notwendigen betrieblichen Vorbereitungen festlegt. Hierbei werden auch besondere Anforderungen an den Brandschutz gestellt.

In der Arbeitsstättenverordnung (ArbStättV) werden Anforderungen an Arbeitsstätten hinsichtlich der Verhütung von Bränden und der Sicherheit der Beschäftigten vor den Gefahren eines Schadenfeuers in der Arbeitsstätte formuliert. Noch konkreter werden Anforderungen der Arbeitssicherheit und Aspekte des Brandschutzes in den Technischen Regeln für

Arbeitsstätten (ASR) festgehalten, so z. B. hinsichtlich der Rettungswegbreiten und der Anzahl von Feuerlöschern.

Die Strahlenschutzverordnung (StrlSchV) regelt unter anderem die Beteiligung der für den abwehrenden Brandschutz zuständigen Stellen und die Berücksichtigung ihrer Anforderungen zur Ermöglichung einer wirksamen Brandbekämpfung.

Die Betriebssicherheitsverordnung (BetrSichV) stellt Forderungen für den Betrieb von baulichen Anlagen auf, in denen Arbeitnehmer z. B. in explosionsgefährdeten Bereichen arbeiten müssen.

Die Gefahrstoffverordnung (GefStoffV) regelt den Umgang mit Gefahrstoffen. Aus brandschutztechnischer Sicht sind hier konkrete Anforderungen hinsichtlich des Explosionsschutzes festgelegt, z. B. das Ausstellen eines Ex-Schutz-Dokumentes.

3 Brandverhalten von Baustoffen und Bauteilen

3.1 Brandverhalten von Baustoffen

Die Erreichung der Schutzziele der Bauordnungen, insbesondere hinsichtlich der Vorbeugung der Entstehung und der Ausbreitung eines Brandes, ist ganz wesentlich von den Eigenschaften der Baustoffe im Brand und dem Verhalten der daraus gefertigten Bauteile unter Brandbelastung abhängig. Baustoffe sind Materialien, die im Rahmen der Erstellung von Bauwerken für die verschiedenen Funktionen und Bauteile verwendet werden. Von den klassischen Baustoffen wie Stein, Holz, Stahl und Beton erstreckt sich die Bandbreite weiter über Kunststoffe, Spannbeton oder mineralische Dämmstoffe.

Um das Brandverhalten von Baustoffen und Bauteilen reproduzierbar prüfen zu können, ist ein Brandmodell notwendig, auf dessen Basis die Prüfungen erfolgen können. Das der deutschen Normenreihe DIN 4102 »Brandverhalten von Baustoffen und Bauteilen« zugrunde liegende Modell ist in ▶ Bild 2 dargestellt. Es wird analog auch in der europäischen Klassifizierungsnorm, der EN 13501, angewendet.

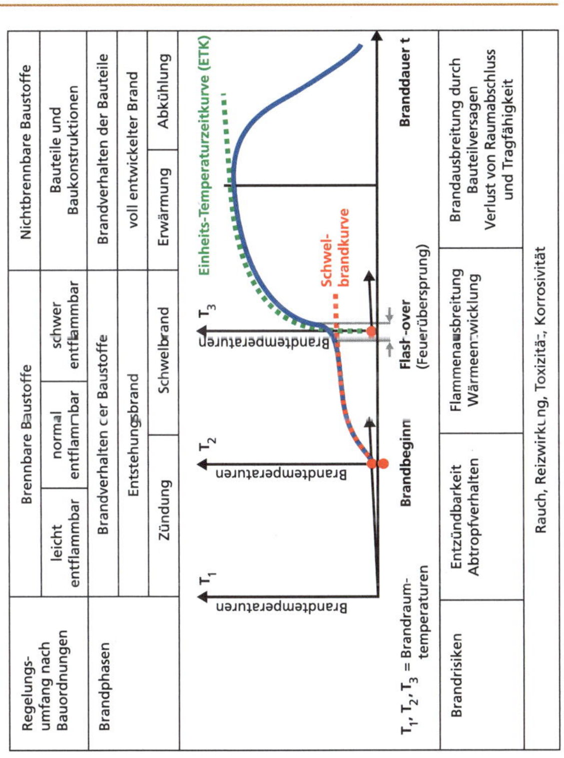

Bild 2: ***Brandmodell für die Prüfung von Baustoffen und Bauteilen nach DIN 4102 (Quelle: W. Kohlhammer GmbH)***

Das Modell geht von einem langsam, bei niederen Temperaturen, beginnenden Brand aus. Durch thermische Aufbereitung der umliegenden brennbaren Materialien und die damit unter Sauerstoffmangel verbundene Entstehung von Kohlenstoffmonoxid breitet sich der Brand weiter aus und die Temperatur steigt an. Bei Sauerstoffzutritt kommt es zum Flashover und einem vollständigen Raumbrand. Dieser Raumbrand ist mit einem schlagartigen Anstieg der Temperaturen verbunden und nun davon gesteuert, dass genügend Luftsauerstoff zur Verbrennung zugeführt wird. Er hält so lange an, bis alle brennbaren Materialien verbrannt sind und damit dem Brand die Grundlage entzogen ist. Der im ▶ Bild 2 dargestellte Temperatur-/Zeitverlauf kommt einem Naturbrand zwar relativ nahe, ist aber nicht mit ihm gleichzusetzen. Deshalb sind in besonderen Anwendungsfällen oder zur Unterstützung spezieller Forschungsvorhaben auch Naturbrandversuche notwendig.

Für die Prüfung des Brandverhaltens von Baustoffen ist die Brandphase des Entstehungsbrandes von Bedeutung. Bei der Beurteilung der brandschutztechnischen Qualität eines Baustoffes kommt es hauptsächlich auf sein Entzündungsverhalten an. Es ist sinnvoll, dieses Verhalten im Bereich niederer Temperaturen zu prüfen, da bei sehr hohen Temperaturen fast jeder Baustoff brennt.

3.1.1 Stahl

Der Baustoff Stahl ist nichtbrennbar. Wegen der Möglichkeit der industriellen Vorfertigung und der guten Montagefähigkeit ist Stahl im Bauwesen sehr wirtschaftlich verwendbar (▶ Bild 3). Das Brandverhalten dieses sehr stabil aussehenden Baustoffes hat allerdings einige Nachteile. Zum Verständnis muss man das Spannungs-/Dehnungsverhalten von Stahl in Abhängigkeit von der Temperatur betrachten: Bevor Stahl bei Zimmertemperatur bei steigender Last mit stärkerer Längendehnung ins Fließen kommt, muss zunächst die Streckgrenze (Grenze, bei deren Überschreiten das Material nach Entlastung nicht mehr in die ursprüngliche Form zurückkehrt) überwunden werden. Diese sinkt bei steigender Temperatur (▶ Bild 4).

Bild 3: ***Stahlkonstruktion***

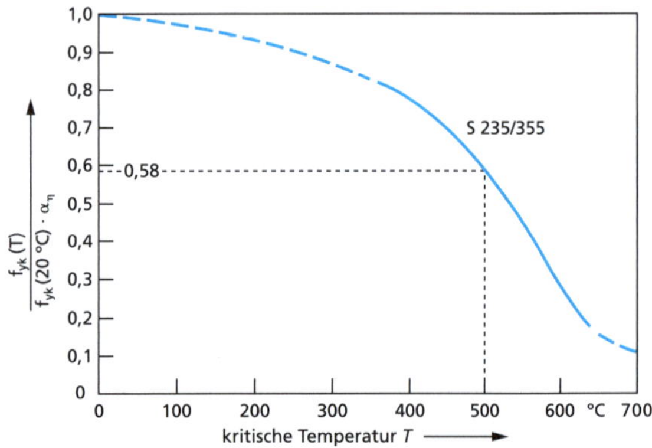

Bild 4: ***Die Streckgrenze (hier von Baustahl S 235/355) sinkt bei steigender Temperatur. (Quelle: W. Kohlhammer GmbH, nach Klement, Brandschutz im Bild)***

Bei etwa 500 °C wird die Streckgrenze überschritten, der Stahl fängt an zu fließen und versagt nach kurzer Zeit. Aus Versuchen der Materialprüfungsanstalten ist bekannt, dass Stahlstützen, die einem Vollbrand ausgesetzt sind, nach 10 bis 25 Minuten ihre Tragfähigkeit verlieren. Bei Stahlträgern setzt dieser Prozess bereits nach 8 bis 17 Minuten ein (abhängig von der Stahlsorte). Die Feuerwiderstandsdauer ist daher entscheidend abhängig von der Erwärmungsgeschwindigkeit. Diese wiederum hängt von der Größe der beflammten Stahloberfläche und dem Volumen der Stahlmasse ab. Dünne, filigrane Stahlbauteile, die intensiv beflammt werden, versagen schneller als massive Stahlbauteile, die z. B. nur an einem Teil der Oberfläche beflammt werden.

3.1.2 Holz

Der Baustoff Holz ist z. B. bei Decken und Dächern, insbesondere im Wohnungsbau, weit verbreitet. Die positiven Eigenschaften dieses Baustoffes unter ökologischen Gesichtspunkten haben ihn in den letzten Jahren deutlich an Bedeutung gewinnen lassen. Im Gegensatz zu Stahl ist Holz brennbar. Bauteile aus Holz oder Holzwerkstoffen können aber infolge der Materialeigenschaften unter Brandbeanspruchung sehr widerstandsfähig sein. Unter Brandbeanspruchung zersetzt sich das Holz zwar an der Oberfläche thermisch, es bildet sich aber eine Holzkohleschicht, die für den vorhandenen Restquerschnitt eine natürliche Wärmedämmung darstellt. Dadurch werden tiefer liegende Holzschichten solange geschützt, bis diese Dämmschicht durch fortlaufende Temperaturzufuhr abplatzt und dem Feuer damit wieder neue, unverbrannte Holzschichten als Nahrung zur Verfügung stehen. Gleichzeitig erfolgt mit der Verbrennung am Rande eine Verschiebung der Feuchtigkeit in das Innere des Holzbauteils, sodass dieser Kern durch einen höheren Feuchtigkeitsgehalt besser geschützt ist als die ausgetrocknete Außenseite. Werden Holzbalken und Holzträger ausreichend überdimensioniert, können sie ohne größere Zusatzmaßnahmen 60 Minuten lang einem Vollbrand widerstehen. Entscheidend für die Beurteilung ist die Abbrandgeschwindigkeit der verschiedenen Holzarten (▶ Tabelle 1).

Tabelle 1: ***Abbrandgeschwindigkeit verschiedener Holzarten***

Holzart	Abbrandgeschwindigkeit v [mm/min]	
Brettschicht-holz (BSH)	Nadelholz einschließlich	0,70
Vollholz	Buche	0,80
Vollholz	Laubholz mit p > 600 kg/m² außer Buche	0,56

Ein weiterer wichtiger Parameter zur Beurteilung des Brandverhaltens von Holz ist die Entzündungstemperatur. Sie ist z. B. abhängig von

- der Holzart,
- der Holzfeuchte,
- der Rohdichte,
- den Abmessungen des Bauteils sowie
- der Erwärmungsdauer.

Im ungünstigsten Fall kann es sogar passieren, dass bei längerer Temperatureinwirkung (> 120 °C) nach mehr als 20 Stunden eine Selbstentzündung auftritt (▶ Bild 5).

Holz wird häufig in Form von Balken als Tragelement eingesetzt (▶ Bild 6b). Da massive Balken für große Spannweiten aus Holz als in der Natur wachsender Baustoff nur schwer hergestellt werden können, nutzt man bestimmte Konstruktionsformen, um mit kürzeren Teilen große Spannweiten zu erreichen. In der Vergangenheit wurden häufig Fachwerkträger gebaut, heute geht man mehr zur Holzleimbauweise über, bei der mehrere Holzlagen übereinander ver-

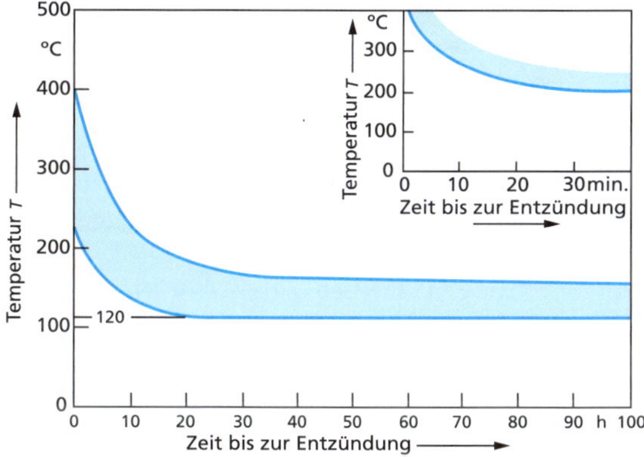

Bild 5: ***Entzündung von Holz in Abhängigkeit von der Erwärmungsdauer und der Erwärmungstemperatur (Quelle: W. Kohlhammer GmbH, nach Klement, Brandschutz im Bild)***

klebt werden. Diese Bauweise nennt man Brettschichtholz, populärer auch als Holzleimbinder bekannt. Flächenartige Bauteile wie z. B. Wände werden oft in Holztafelbauweise erstellt. Dabei werden an ein tragendes Gerüst außen und innen Holzplatten genagelt. Zur Verbesserung der Wärmedämmung und des Brandschutzes können Isoliermaterialien und z. B. aus Gipskarton bestehende Brandschutzbeplankungen eingesetzt werden. In den letzten Jahren haben sich auch flächenartige, kreuzweise verleimte Bauweisen etabliert. Sie werden als Brettsperrholz bezeichnet und tragen in hohem Maße zu einer günstigen Vorfertigung von sehr tragfähigen

Bauteilen bei. Das Forschungsprojekt TIMpuls hat in den letzten Jahren wesentliche weitere Erkenntnisse zum Brandverhalten von Holz erbracht, sodass jetzt Bauvorhaben aus Holz bis über die Hochhausgrenze hinaus sicher realisierbar sind. Kernprinzip ist die Realisierung eines wirksamen Entzündungsschutzes von Holz z. B. durch Gipsfaserplatten und die Gewährleistung von ausreichend großen Holzquerschnitten auch zur Realisierung der Feuerwiderstandsdauer. Die Verwendung von Holz im Bauwesen wird insbesondere aus Nachhaltigkeitsüberlegungen in den nächsten Jahren weiter zunehmen und vor allem bei einfacheren Gebäuden der Stahlbetonbauweise deutlich Konkurrenz machen. Brandschutztechnische Regelungen zum Einsatz von Holzwerkstoffen sind in der Muster-Holzbaurichtlinie festgelegt.

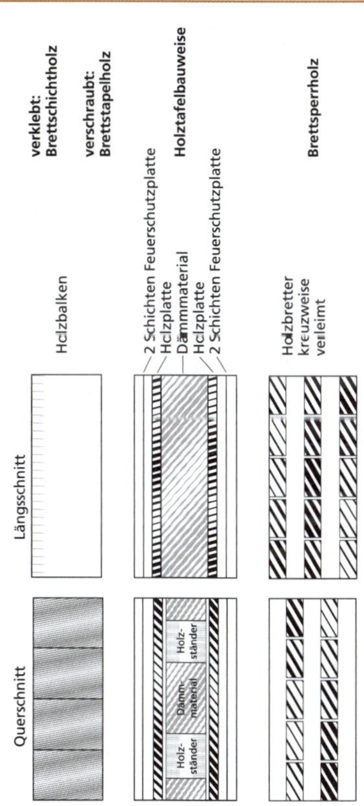

Bild 6a: ***Darstellung der verschiedenen Verbundbauweisen von Holz (Quelle: W. Kohlhammer GmbH)***

Bild 6b: ***Beispiel für eine Holzleimbinderkonstruktion***

3.1.3 Stahlbeton

Stahlbeton ist ein nichtbrennbarer Baustoff. Er ist ein weit verbreiteter Verbundwerkstoff aus Beton und Stahl. Beton besteht im Wesentlichen aus Zement, Wasser, Zuschlagstoffen und ggf. Betonzusatzmitteln. Er hat bei Zimmertemperatur eine hohe Druckfestigkeit, aber nur eine geringe Zugfestigkeit. Bei Temperaturbeanspruchung sinkt auch die Druckfestigkeit ab, die bei etwa 500 °C nur noch 20 Prozent der ursprünglichen Festigkeit aufweist. Wegen der geringen Druckfestigkeit wird im Bauwesen hauptsächlich Stahlbeton eingesetzt. Durch Einlage von Baustahl im Bereich der Zugzone eines Bauteils übernimmt der Stahl die wirkenden Zugspannungen, während der Beton in der Druckzone die Druckspannungen übernimmt.

Wird der Stahlbeton an der Zugseite infolge eines Vollbrandes beansprucht, kann der Stahl genauso wie beim reinen Stahlbauteil durch Erwärmung ins Fließen kommen, was zum Gesamtversagen des Stahlbetonbauteils führt. Dieser Nachteil wird durch eine ausreichende Betondeckung des Bewehrungsstahls ausgeglichen. Der Beton führt durch Wärmedämmung zu einem Schutz des Stahls. Das Brandverhalten von Stahlbetonbauteilen ist weiter abhängig von

- der Form und der Größe des Bauteilquerschnitts,
- den Beton- und Stahlspannungen zum Zeitpunkt der Brandeinwirkung,
- der Art und Dauer der Brandbeanspruchung,
- den Betoneigenschaften,
- dem statischen System (Beeinflussung der Schnittkraftverteilung),
- der Betondeckung der Bewehrung, da von ihr die Aufwärmgeschwindigkeit der Bewehrung abhängt, sowie
- der Art und Güte der Betonstähle.

3.1.4 Mauerwerk

Mauerwerk besteht aus Formsteinen, die mit Mörtel oder ähnlichen Verbindungsstoffen im Verbund aufeinander gesetzt werden und so ein raumabschließendes Bauteil bilden. Mauerwerk ist nichtbrennbar. Das Brandverhalten von Mauerwerk wurde vorwiegend aus Normbrandversuchen abgeleitet. Es ist abhängig von

- der Steinsorte (gebrannt wie Mauerziegel nach DIN 105 oder ungebrannt wie Kalksandstein nach DIN 106, Porenbetonstein nach DIN 4165 und Leichtbetonstein nach DIN 18151-2) und dem damit verbundenen Feuchtigkeitsgehalt im Mauerwerk,
- der Rohdichte und Festigkeit der Steine (je geringer die Rohdichte und Festigkeit der Steine ist, desto empfindlicher reagiert das Bauteil auf Brandbeanspruchung),
- der Ausführungsqualität der Steine und des Mörtels,
- der Schlankheit und den Auflagerbedingungen des Bauteils,
- dem Lastausnutzungsgrad und der Art der Belastung (zentrisch oder exzentrisch),
- der Art der Brandbeanspruchung (ein- oder zweiseitig).

3.1.5 Gips

Gips in reiner Form kommt heute seltener im Bauwesen vor. Gipskartonplatten haben aber eine erhebliche Bedeutung, daher wird dieser Baustoff hier aufgeführt. Gips ist ein kristallwasserhaltiges Calciumsulfat ($CaSO_4 \times 2H_2O$) – auch Gipsstein genannt, das in der Natur vorkommt, aber auch als Nebenprodukt bei chemischen Prozessen (z. B. Phosphatsäureherstellung, Rauchgasentschwefelungsanlagen) anfällt. Für das

Bauwesen wird es durch Brennen und daraus folgender Dehydratisierung zu Stuckgips aufbereitet.

Stuckgips bindet das bei der Verarbeitung zugesetzte Anmachwasser so an sich, dass wieder das kristallwasserhaltige Calciumsulfat ($CaSO_4 \times 2H_2O$) entsteht. Der beim Brennvorgang stattgefundene Dehydratisierungsprozess wird also beim Aushärten vollständig rückgängig gemacht. Im Brandfall wird das Kristallwasser wieder freigesetzt und entweicht in Form von Wasserdampf. Solange dieser Entwässerungsvorgang andauert, bleibt auch die Temperatur im Gips unabhängig von der Höhe der Brandtemperatur bei ca. 100 °C stehen. Man spricht von einem Haltepunkt bei 100 °C. Diese Eigenschaft wird besonders im Trockenbau, aber auch bei der brandschutztechnischen Ertüchtigung von Holzbalkendecken bei Gipskarton-Feuerschutzplatten (GKF) genutzt.

Bei Gipskarton-Feuerschutzplatten werden wegen der im Brandfall eintretenden starken Entwässerung der Gipskarton-Bauplatten und dem damit verbundenen Verlust des inneren Zusammenhaltes in die Gipsmasse der Gipskarton-Bauplatten anorganische Fasern (z. B. Mineralfasern) zugesetzt, um im Brandfall den Gefügezusammenhalt zu verbessern.

Gipsfaserplatten: Bei diesen Gipsplatten sind Zellulosefasern im Querschnitt eingelagert, die als Armierung wirken sollen, um die mechanischen Eigenschaften (z. B. Festigkeit) zu verbessern.

3.1.6 Kunststoffe

Kunststoffe werden in zahlreichen Anwendungen im Bauwesen eingesetzt. Sowohl in der Wärmedämmung als auch bei Leitungen, Rohren und Kabeln kommen sie zum Einsatz. Sie bestehen meist aus Kohlenwasserstoffketten, deren Eigenschaften durch verschiedene Bindungsarten zwischen Kohlenstoff und Wasserstoff sowie durch die eingelagerten Zusatzstoffe beeinflusst werden. Kunststoffe sind grundsätzlich brennbar. Ihr Brennwert ist fast dreimal so hoch wie bei Holz. Rauchgase von brennenden Kunststoffen schädigen sowohl Menschen als auch Materialien (z. B. Korrosion nach Salzsäurebildung). Kunststoffe allein sind als tragende Bauteile nicht verwendbar, sie können aber in Verbundbauteilen Anwendung finden. Durch ihr Brandverhalten bilden sie ein erhebliches Gefährdungspotenzial, weshalb ihr Einsatz eingeschränkt ist.

3.2 Klassifizierung des Brandverhaltens der Baustoffe

Der Nachweis der brandschutztechnischen Brauchbarkeit eines Baustoffes, wie es die Musterbauordnung fordert, wird durch normative Prüfungen erbracht. Die Prüfung von Baustoffen und Bauteilen erfolgte in der Vergangenheit nach deutschem Recht auf Grundlage der DIN 4102 »Brandverhalten von Baustoffen und Bauteilen«. Diese Norm beinhaltet sowohl Regelungen für die Prüfung als auch für die Klassifizierung. Im

Rahmen der Umsetzung der Bauproduktenrichtlinie zum Abbau von Handelshemmnissen (seit 1. Juli 2013 Bauproduktenverordnung – BauPVO) wurde auch ein europäisches Klassifizierungssystem erarbeitet. Dieses System beruht auf den Regelungen der DIN EN 13501 »Klassifizierung von Bauprodukten und Bauarten zu ihrem Brandverhalten«. Die Prüfnormen der DIN 4102 wurden aus der Liste der Technischen Baubestimmungen weitgehend entnommen. Viele Begriffe aus diesen Normen sind aber nach wie vor gebräuchlich und sollen deshalb hier auch dargestellt werden. Beide Systeme werden noch für einen längeren Zeitraum nebeneinander gültig sein, deshalb werden nachfolgend beide gleichberechtigt dargestellt.

3.2.1 Klassifizierung nach DIN 4102

Die Musterbauordnung fordert in § 3 hinsichtlich des Einsatzes von Bauprodukten:

Bauprodukte und Bauarten dürfen nur verwendet werden, wenn bei ihrer Verwendung die baulichen Anlagen bei ordnungsgemäßer Instandhaltung während einer dem Zweck entsprechenden angemessenen Zeitdauer die Anforderungen dieses Gesetzes oder aufgrund dieses Gesetzes erfüllen und gebrauchstauglich sind.

Zur Verwirklichung dieses grundsätzlichen Auftrages werden hinsichtlich der Brennbarkeit Anforderungen an Baustoffe und Bauteile gestellt, die sich in verschiedenen Baustoffklassen manifestieren. In der DIN 4102 werden folgende Baustoffklassen unterschieden:

- Brennbare Baustoffe
  - Leichtentflammbare Baustoffe (Baustoffklasse B3)
  - Normalentflammbare Baustoffe (Baustoffklasse B2)
  - Schwerentflammbare Baustoffe (Baustoffklasse B1)
- Nichtbrennbare Baustoffe
  - Nichtbrennbare Baustoffe ohne brennbare Anteile (Baustoffklasse A1)
  - Nichtbrennbare Baustoffe mit brennbaren Anteilen (Baustoffklasse A2)

Zur Feststellung, in welche Klasse ein Bauprodukt eingeordnet wird, sind Materialprüfungen erforderlich.

3.2.2 Klassifizierung nach harmonisierten Normen

Wie bereits dargestellt, ist der Übergang von der deutschen Norm und Klassifizierung auf eine europäische Klassifizierung erfolgt. Das europäische Klassifizierungssystem lässt bei der Abkürzung das Brandverhalten bei den beiden Zusatzkriterien der Brandnebenerscheinungen Rauchentwicklung »s« (s = smoke) und brennendes Abtropfen/Abfallen »d« (d = droplets) eines Baustoffs erkennen. Hierfür wurden (mit Ausnahme der Bodenbeläge) folgende Klassen festgelegt:

- für die Rauchentwicklung »s1«, »s2« und »s3«,
- für das brennende Abtropfen/Abfallen eines Baustoffs »d0«, »d1« und »d2«.

Diese Zusatzkriterien werden bei gesetzlichen Forderungen in Deutschland wie folgt angewendet:

- die Klasse »s1« ist erforderlich, wenn besondere Anforderungen an die Rauchentwicklung gestellt werden,
- die Klasse »d0« ist erforderlich, wenn die Anforderung besteht, dass ein Baustoff im Brandfall nicht brennend abfallen oder abtropfen darf.

3.3 Prüfung des Brandverhaltens der Baustoffe

3.3.1 Prüfung nach DIN 4102

Um das Brandverhalten im Rahmen von Modellversuchen beschreiben zu können, benötigt man Kriterien, anhand deren das Brandverhalten beurteilt werden kann. Die fünf wichtigsten Kriterien sind:

- Entzündlichkeit,
- Flammenausbreitung,
- Brennendes Abtropfen,
- Wärmeentwicklung,
- Rauchentwicklung.

Anhand dieser Eigenschaften wurden Brandversuchseinrichtungen entwickelt, die eine Aussage zur Klassifizierung zulassen. In ▶ Tabelle 2 wird dargestellt, welche Prüfung nach DIN 4102 Teil 1 für welche bauaufsichtliche Anforderung gemäß MV-TBB, Anhang 4 angewendet wird. Um den Rahmen dieses Roten Heftes nicht zu sprengen, wird auf die Darstellung der einzelnen Prüfungen verzichtet. Hierzu wird auf die DIN 4102 Teil 1 »Brandverhalten von Baustoffen und Bauteilen – Teil 1: Baustoffe; Begriffe, Anforderungen und Prüfungen« verwiesen.

Tabelle 2: ***Prüfung nach DIN 4102 Teil 1 für die jeweilige bauaufsichtliche Anforderung***

Bauaufsichtliche Anforderung	Baustoffklasse nach DIN 4102-1	Prüfverfahren nach DIN 4102-1	Brandrisiko
Nichtbrennbare Baustoffe	A		Wärmeentwicklung, Flammenausbreitung, Rauchentwicklung
	A1	Ofenprüfung	
	A2	Ofen- oder Wärmeentwicklungsprüfung, Brandschachtprüfung, Bestimmung der Rauchentwicklung	
brennbare Baustoffe	B		
schwerentflammbare Baustoffe	B1	Brandschachtprüfung	Flammenausbreitung, Wärmeentwicklung

Tabelle 2: ***Prüfung nach DIN 4102 Teil 1 für die jeweilige bauaufsichtliche Anforderung – Fortsetzung***

Bauaufsichtliche Anforderung	Baustoffklasse nach DIN 4102-1	Prüfverfahren nach DIN 4102-1	Brandrisiko
normalentflammbare Baustoffe	B2	Kleinbrennerprüfung	Entflammbarkeit, brennendes Abfallen (Abtropfen)

3.3.2 Prüfung nach harmonisierten Normen

Die europäischen Prüfverfahren liegen sehr nahe an den ehemals deutschen Prüfverfahren. Teilweise wurden die deutschen Prüfverfahren auch als europäischer Standard übernommen (▶ Tabelle 3).

Tabelle 3: ***Übersicht über die europäische Klassifizierung, die nationale bauaufsichtliche Benennung und die angewendeten Prüfverfahren***

Euroklassen	Bauaufsichtliche Anforderung	Modellvorstellung
A1	nichtbrennbar	Raumbrand, bei dem der Beitrag der Baustoffe zu einem vollentwickelten Brand nur unbedeutend ist.

Tabelle 3: ***Übersicht über die europäische Klassifizierung, die nationale bauaufsichtliche Benennung und die angewendeten Prüfverfahren – Fortsetzung***

Euroklassen	Bauaufsichtliche Anforderung	Modellvorstellung
A2		Raumbrand, mit einer sehr geringen Wärmefreisetzung[1] der beanspruchten Baustoffe (≤ 120 W/s) und einer Begrenzung des Brennwertes; d. h. kein wesentlicher Beitrag zur Brandlast. **Seitliche Flammenausbreitung**: Bei der Beanspruchung des brennbaren Baustoffes durch einen einzelnen brennenden Gegenstand ist die seitliche Flammenausbreitung begrenzt (nur visuelle Beobachtung).
B	schwer-entflammbar	**Beurteilung der Entzündbarkeit:** Zünden eines brennbaren Baustoffs mit einer Streichholzflamme, wobei der Baustoff dieser Beanspruchung ohne wesentliche vertikale Flammenausbreitung (≤ 150 mm) für eine längere Zeit (≤ 60 s) widerstehen muss. **Beurteilung der freiwerdenden Wärme:** Der brennbare Baustoff wird zusätzlich durch einen einzelnen brennenden Gegenstand beansprucht, wobei die Wärmefreisetzung[1] des beanspruchten Baustoffs ≤ 120 W/s beträgt. **Seitliche Flammenausbreitung:** Bei der Beanspruchung des brennbaren Baustoffes durch einen einzelnen brennenden Gegenstand ist die seitliche Flammenausbreitung begrenzt (nur visuelle Beobachtung).

Tabelle 3: ***Übersicht über die europäische Klassifizierung, die nationale bauaufsichtliche Benennung und die angewendeten Prüfverfahren – Fortsetzung***

Euroklassen	Bauaufsichtliche Anforderung	Modellvorstellung
C	schwerentflammbar	**Beurteilung der Entzündbarkeit:** Zünden eines brennbaren Baustoffs mit einer Streichholzflamme, wobei der Baustoff dieser Beanspruchung ohne wesentliche vertikale Flammenausbreitung (≤ 150 mm) für eine längere Zeit (≤ 60 s) widerstehen muss. **Beurteilung der freiwerdenden Wärme:** Der brennbare Baustoff wird durch einen einzelnen brennenden Gegenstand beansprucht, wobei die Wärmefreisetzung[1] des beanspruchten Baustoffs ≤ 250 W/s beträgt. **Seitliche Flammenausbreitung:** Bei der Beanspruchung des brennbaren Baustoffes durch einen einzelnen brennenden Gegenstand ist die seitliche Flammenausbreitung begrenzt (nur visuelle Beobachtung).
D	normalentflammbar	**Beurteilung der Entzündbarkeit:** Zünden eines brennbaren Baustoffs mit einer Streichholzflamme, wobei der Baustoff dieser Beanspruchung ohne wesentliche vertikale Flammenausbreitung (≤ 150 mm) für eine längere Zeit (≤ 60 s) widerstehen muss. **Beurteilung der freiwerdenden Wärme:** Der brennbare Baustoff wird durch einen einzelnen brennenden Gegenstand beansprucht, wobei die Wärmefreisetzung[1] des beanspruchten Baustoffs ≤ 750 W/s beträgt.

Tabelle 3: ***Übersicht über die europäische Klassifizierung, die nationale bauaufsichtliche Benennung und die angewendeten Prüfverfahren – Fortsetzung***

Euroklassen	Bauaufsichtliche Anforderung	Modellvorstellung
E		**Beurteilung der Entzündbarkeit:** Zünden eines brennbaren Baustoffs mit einer Streichholzflamme, wobei der Baustoff dieser Beanspruchung ohne wesentliche vertikale Flammenausbreitung (≤ 150 mm) für eine kurze Zeit (≤ 20 s) widerstehen muss.
F	leichtentflammbar	

[1] Quotient aus der Wärmefreisetzung des brennenden Baustoffs und dem Zeitpunkt ihres Auftretens = Bewertungsmaß für die Brandausbreitung

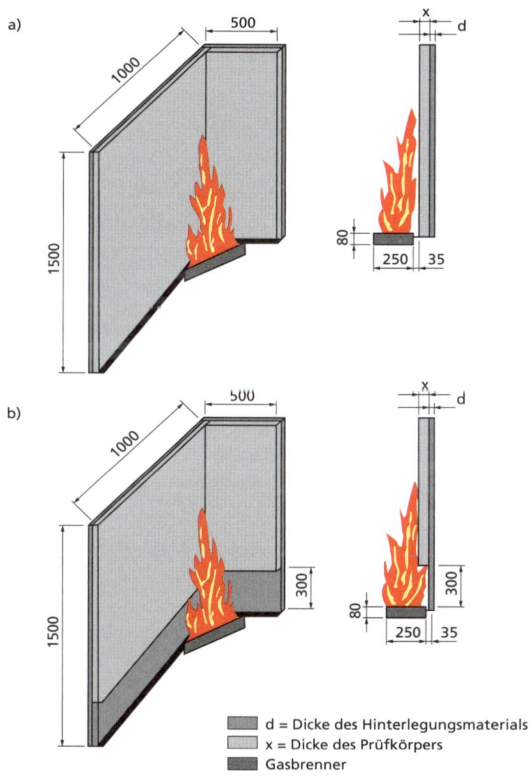

Bild 7: ***SBI-Test (Quelle: W. Kohlhammer GmbH)***

Zur Überprüfung der Flammenentwicklung und Flammenausbreitung wurde der SBI-Test zusätzlich in den europäischen Regelungen eingeführt (▶ Bild 7). Er berücksichtigt bei der Flammenentwicklung die ungünstigere Ecksituation im Raum, während der bisherige deutsche Brandschachttest durch die plattenförmige Anordnung der Brandproben nur die günstigere Wandsituation nachgestellt hat.

Baustoffe, die in Klasse F (leichtentflammbar) eingestuft werden, dürfen im Gebäude nicht eingebaut werden (§ 26 Abs. 1 MBO). Möglich wird ein Einbau nur, wenn der Baustoff so verändert wird, dass dieser im eingebauten Zustand nicht mehr leichtentflammbar ist.

3.4 Brandverhalten von Bauteilen

Bauteile werden aus Baustoffen gefertigt. Bei der brandschutztechnischen Beurteilung wird das Verhalten in verschiedenen Funktionen betrachtet. Bauteile können sowohl eine tragende Funktion (z. B. Stützen, Träger) als auch eine raumabschließende Funktion (z. B. Türen, Verglasungen, Brandschutzklappen) haben oder auch beides zusammen (z. B. Decken, Wände).

Beim Brandverhalten kommt es im Wesentlichen auf den Erhalt der Funktion im Brandfall an. Während bei der brandschutztechnischen Klassifizierung von Baustoffen mehr die Entstehungsphase eines Brandes von Bedeutung ist, wird bei der Klassifizierung von Bauteilen die Prüfung unter den Bedingungen eines Vollbrandes vorgenommen. Bei der Klassifizierung von Bauteilen spricht man von Feuerwiderstand.

3.4.1 Bauteile

Die DIN 4102 »Brandverhalten von Baustoffen und Bauteilen« unterscheidet zwischen Bauteilen und Sonderbauteilen. Bauteile (z. B. Decken, Wände, Stützen) sind Bauelemente, die im Brandfall ausschließlich eine tragende und/oder raumabschließende Funktion wahrnehmen sollen. Der Erhalt dieser Funktionen ist im Wesentlichen von den Eigenschaften der verwendeten Baustoffe abhängig.

3.4.2 Sonderbauteile

Sonderbauteile (z. B. Feuerschutzabschlüsse, Lüftungsleitungen, Kabelabschottungen, elektrische Kabelanlagen) sind Bauelemente, die im Brandfall neben den brandschutztechnischen Anforderungen noch besondere Aufgaben erfüllen müssen. Für die Gewährleistung ihrer Funktion müssen daher auch für die Beurteilung des Verhaltens im Brandfall zusätzliche Kriterien aufgestellt werden.

3.5 Klassifizierung des Brandverhaltens von Bauteilen

Die Landesbauordnungen verlangen in Abhängigkeit vom Nutzungsgrad und Nutzungsumfang von Gebäuden eine unterschiedliche Qualität des Feuerwiderstandes von Bauteilen. Die Anforderungen hinsichtlich des Brandschutzes an tragende Bauteile unterscheiden sich, wenn es sich z. B. um ein zweigeschossiges Einfamilienhaus handelt oder um eine Versammlungsstätte für 5 000 Besucher. Kernaussage dieser Klassifizierungssysteme ist die Dauer des Erhalts der Funktion dieses Bauteils im Brandfall unter einem festgelegten, vergleichbaren Brandverlauf, basierend auf Brandversuchen mit dem Bauteil im Originalzustand oder durch anerkannte Berechnungsmethoden. Nach § 26 MBO werden Bauteile hinsichtlich ihrer Feuerwiderstandsfähigkeit in drei Stufen eingeteilt:

- feuerhemmend,
- hochfeuerhemmend,
- feuerbeständig.

Bei der baurechtlichen Einordnung in die Stufe »feuerhemmend« geht der Gesetzgeber davon aus, dass die Funktion der Bauteile im Brandfall für 30 Minuten erhalten bleibt, bei »hochfeuerhemmend« für 60 Minuten und bei »feuerbeständig« für 90 Minuten.

Ob ein Bauteil in eine dieser drei Stufen eingeordnet werden kann, wird durch das technische Regelwerk nach DIN 4102 bzw. DIN EN 13501 festgelegt. Die Klassifizierung in diesen Normen beruht im Wesentlichen auf Brandversuchen und die Dauer des Erhalts der Funktion während dieser Brandversuche auf Basis des oben beschriebenen Brandmodells. Die nach diesen Versuchen entsprechend dieser beiden Normen erreichten Klassen werden in Anhang 4 der MV-TBB den jeweiligen Stufen der MBO bzw. LBO zugeordnet (▶ Tabelle 4).

Zusätzlich stellen die Landesbauordnungen in Abhängigkeit von diesen Stufen Anforderungen an die verwendbaren Baustoffe. Bei feuerhemmenden Bauteilen werden hinsichtlich der Brennbarkeit der verwendeten Baustoffe keine Einschränkungen gemacht. Bei feuerbeständigen Bauteilen wird mindestens verlangt, dass die tragenden und aussteifenden Bauteile aus nichtbrennbaren Baustoffen bestehen müssen.

Tabelle 4: ***Zuordnung der Klassen nach DIN EN 13501 zu den Stufen des Feuerwiderstands entsprechend der MBO***

Bauaufsichtliche Anforderung	Tragende Bauteile		Nichttragende Innenwände	Nichttragende Außenwände	Doppelböden	Selbstständige Unterdecken
	ohne Raumabschluss[1]	mit Raumabschluss[1]				
feuerhemmend	R 30	REI 30	EI 30	E 30 (i→o) und EI 30-ef (i←o)	REI 30	EI 30 (a↔b)
hochfeuerhemmend	R 60	REI 60	EI 60	E 60 (i→o) und EI 60-ef (i←o)		EI 60 (a↔b)
feuerbeständig	R 90	REI 90	EI 90	E 90 (i→o) und EI 90-ef (i←o)		EI 90 (a↔b)
Feuerwiderstandsfähigkeit 120 min.	R 120	REI 120	–	–		–
Brandwand	–	REI 90-M	EI 90-M	–		–

[1] Für die mit reaktiven Brandschutzsystemen beschichteten Stahlbauteile ist die Angabe IncSlow gemäß DIN EN 13501-2 zusätzlich erforderlich.

3.5.1 Klassifizierung nach DIN 4102

Für die Klassifizierung von Bauteilen nach Prüfung gemäß DIN 4102 werden Kurzzeichen in Verbindung mit der Dauer des Erhalts der Anforderungen in Minuten sowie der Brenneigenschaften der verwendeten Baustoffe benutzt. Daraus leiten sich die Feuerwiderstandsklassen ab. Die Systematik wird in ▶ Bild 8 dargestellt.

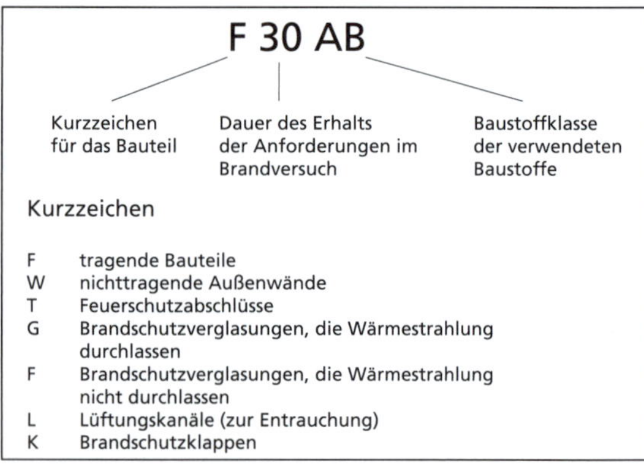

Bild 8: ***Systematik der Klassifizierung von Bauteilen nach DIN 4102-2***

3.5.2 Klassifizierung nach harmonisierten Normen

Bei den deutschen Normen wie etwa der DIN 4102 hatte man Anforderungen, Prüfungen und Klassifizierung in einer Norm festgelegt (z. B. DIN 4102 Teil 1 »Brandverhalten von Baustoffen und Bauteilen – Teil 1: Baustoffe; Begriffe, Anforderungen und Prüfungen«), die das Vorhandensein von Produktnormen (z. B. DIN 1045 Stahlbeton) voraussetzt. Es war also zuerst die Produktnorm da, anschließend hat man die Prüfungen für das Brandverhalten festgelegt. Wegen der ständigen Schaffung neuer Produkte geht das europäische Normungssystem den umgekehrten Weg: Es werden Prüfnormen erstellt (z. B. DIN EN 1364-1 »Feuerwiderstandsprüfungen für nichttragende Bauteile – Teil 1: Wände«), die das Prüfverfahren beschreiben. Das Prüfverfahren ist unabhängig vom Vorhandensein von Produktnormen. In einer Klassifizierungsnorm (z. B. DIN EN 13501-2 »Klassifizierung von Bauprodukten und Bauarten zu ihrem Brandverhalten – Teil 2: Klassifizierung mit den Ergebnissen aus den Feuerwiderstandsprüfungen, mit Ausnahme von Lüftungsanlagen«) werden Begriffe, erforderliche Prüfungen und Leistungskriterien festgelegt. Für die Beschreibung der Feuerwiderstandsfähigkeit werden die in ▶ Tabelle 5 enthaltenen Leistungskriterien verwendet.

Tabelle 5: ***Leistungskriterien nach DIN EN 13501-2***

Leistungskriterium des Bauteils im Brandfall	Abkürzung	Bedeutung	Anwendungsbereich
Tragfähigkeit	R	Resistance	Stützen
Raumabschluss	E	Etancheité	nichttragende Wände
Erwärmung der feuerabgewandten Seite	I	Isolation	Brandschutztüren
Begrenzung der Wärmestrahlung	W	Radiation	Brandschutzverglasungen
Widerstand gegen mechanische Einwirkung (Stoßbeanspruchung)	M	Mechanical	Brandwände
Begrenzung der Rauchdurchlässigkeit	S	Smoke	Rauchschutztüren, Lüftungsanlagen
Selbstschließende Eigenschaft	C	Closing	Rauchschutztüren, Feuerschutzabschlüsse
Aufrechterhaltung der Energieversorgung und/oder Signalübermittlung	P	Power	Elektrische Kabelanlagen allgemein

3.5 Klassifizierung des Brandverhaltens

Über diese Leistungskriterien hinaus, gibt es noch zahlreiche weitere Kriterien für die Beschreibung anderer Eigenschaften, die den Rahmen dieses Roten Heftes allerdings sprengen würden. Die Anforderungen der Landesbauordnungen an Bauteile können in Verbindung mit der Dauer des Erhalts und der zu beachtenden Zahl der Leistungskriterien dargestellt werden. Dabei kann für eine Bauteilart durchaus mehr als ein harmonisiertes Leistungskriterium zur Beschreibung der Eigenschaften im Brandfall erforderlich sein. In ▶ Tabelle 6 werden die Leistungskriterien nach DIN EN 13501-2 mit den Leistungskriterien nach DIN 4102 verglichen.

Tabelle 6: ***Vergleich der Leistungskriterien nach DIN EN 13501-2 mit den Leistungskriterien nach DIN 4102***

Bauteil	Leistungskriterien nach DIN 4102	Harmonisierte Leistungskriterien nach DIN EN 13501-2
Stützen und Balken (Träger)	F	R
Tragende und raumtrennende Wände und Decken	F	R, E, I
Nichttragende und raumtrennende Wände	F	E, I
Brandwände	Brandwand	R, E, I, M
Tragende Außenwände	F	R, E, I
Nichttragende Außenwände	W	E, I
Feuerschutztüren	T	E, I, C
Rauchschutztüren		S, C

Tabelle 6: ***Vergleich der Leistungskriterien nach DIN EN 13501-2 mit den Leistungskriterien nach DIN 4102 – Fortsetzung***

Bauteil	**Leistungskriterien nach DIN 4102**	**Harmonisierte Leistungskriterien nach DIN EN 13501-2**
Lüftungsleitungen	L	E, I, S
Brandschutzklappen	K	E, I, S
Kabelabschottungen	S	E, I
Rohrummantelungen und -abschottungen	R	E, I
Installationskanäle und -schächte	I	E, I
Verglasungen mit Verhinderung des Durchtritts der Wärmestrahlung	F	E, I
Verglasungen	G	E
Elektrische Leitungen mit Funktionserhalt	E	P

Beispiele:

- Feuerbeständige, tragende Wand: F 90 bzw.REI 90
- Feuerhemmende Stütze: F 30 bzw. R 30
- Hochfeuerhemmende, nichttragende Außenwand: F 60 bzw. EI 60

3.6 Prüfung des Brandverhaltens von Bauteilen

3.6.1 Prüfung nach DIN 4102

Die Prüfung des Brandverhaltens von Bauteilen erfolgt durch Realbelastung des in einen Prüfofen eingebauten Bauteils. Das Bauteil (z. B. eine Decke) wird mit Hilfe von Gasbrennern unter Temperaturbelastung gesetzt, die dem Brandmodell in ▶ Bild 2 nachempfunden ist. Für Bauteile wird dabei der Temperatur-Zeit-Verlauf des Vollbrandes angewendet, der durch die in DIN 4102 Teil 2 dargestellte Einheits-Temperaturzeitkurve (ETK) beschrieben ist (grüne Kurve in ▶ Bild 2). In Abhängigkeit, wie lange das geprüfte Bauteil seine Funktion erfüllt (z. B. Erhalt der Tragfähigkeit (R), des Raumabschlusses (E) und der Verhinderung des Wärmedurchganges (I)), wird es dann in eine Feuerwiderstandsklasse eingeordnet.

3.6.2 Prüfung nach harmonisierten Normen

Die Prüfungen nach den harmonisierten europäischen Prüfnormen sind vom Prinzip her den Prüfungen nach DIN 4102 sehr ähnlich. In ▶ Tabelle 7 werden die einzelnen Prüfungen nach DIN 4102 den harmonisierten Prüfnormen gegenübergestellt.

Tabelle 7: ***Gegenüberstellung der harmonisierten europäischen Prüfnormen zu den Prüfungen nach DIN 4102***

Europäische Normen	Kurztitel	Nationale Normen	Kurztitel
DIN EN 13501-2	Klassifizierung	DIN 4102-2 und ff.	Brandverhalten von Bauteilen
DIN EN 1364-1	Nichttragende Wände	DIN 4102-2, Abschnitt 6	Brandverhalten von Bauteilen
DIN EN 1364-2	Unterdecken	DIN 4102-2, Abschnitt 6	Brandverhalten von Bauteilen
DIN EN 1365-1	Tragende Wände	DIN 4102-2, Abschnitt 6	Brandverhalten von Bauteilen
DIN EN 1365-2	Decken, Dächer[1]	DIN 4102-2, Abschnitt 6	Brandverhalten von Bauteilen
DIN EN 1365-3	Balken	DIN 4102-2, Abschnitt 6	Brandverhalten von Bauteilen
DIN EN 1365-4	Stützen	DIN 4102-2, Abschnitt 6	Brandverhalten von Bauteilen
DIN EN 1365-6	Treppen	DIN 4102-2, Abschnitt 6	Brandverhalten von Bauteilen
DIN EN 1366-3	Installationen, -Abschottungen	DIN 4102-11, Abschnitt 4	Brandverhalten von Bauteilen, Rohrabschottungen
DIN EN 1366-5	Installationen, Installationskanäle und -schächte	DIN 4102-11, Abschnitt 5	Brandverhalten von Bauteilen, Installationsschächte und -kanäle
DIN EN 1634-1	Feuerschutzabschlüsse	DIN 4102-5, Abschnitt 5	Brandverhalten von Bauteilen, Feuerschutzabschlüsse

Tabelle 7: ***Gegenüberstellung der harmonisierten europäischen Prüfnormen zu den Prüfungen nach DIN 4102 – Fortsetzung***

Europäische Normen	Kurztitel	Nationale Normen	Kurztitel
DIN EN 1634-1	Rauchschutztüren	DIN 18095-1 und DIN 18095-2	Rauchschutztüren
DIN EN 13381-4	Brandschutz-bekleidungen für Stahlbauteile	DIN 4102-2, Abschnitt 7	Brandverhalten von Bauteilen
DIN EN 13381 7	Brandschutz-bekleidungen für Holzbauteile	DIN 4102-2, Abschnitt 7	Brandverhalten von Bauteilen

[1] Brandbeanspruchung von innen

3.7 Berechnung der Feuerwiderstandsdauer nach Eurocodes

Während die Bemessung von Bauteilen nach DIN 4102 auf Versuchen und dazugehörigen Interpolationen beruht, gibt es mit den Eurocodes die Möglichkeit, aufgrund von definierten Lastannahmen Bauteile aus Holz, Stahl und Stahlbeton sowie Verbundbauteile aus Stahl und Stahlbeton hinsichtlich ihres Verhaltens im Brandfall auch rechnerisch zu bemessen. Folgende Normen sind hierfür anzuwenden:

- DIN EN 1991-1-2:2010-12 »Eurocode 1: Einwirkungen auf Tragwerke – Teil 1-2: Allgemeine Einwirkungen – Brandeinwirkungen auf Tragwerke« und Berichtigung (konsolidierte Fassung)

- DIN EN 1991-1-2/NA:2015-09 »Nationaler Anhang – National festgelegte Parameter – Eurocode 1: Einwirkungen auf Tragwerke – Teil 1-2: Allgemeine Einwirkungen – Brandeinwirkungen auf Tragwerke«
- DIN EN 1992-1:2025-11 »Eurocode 2: Bemessung und Konstruktion von Stahlbeton- und Spannbetontragwerken – Teil 1-2: Allgemeine Regeln – Tragwerksbemessung für den Brandfall« (konsolidierte Fassung)
- DIN EN 1992-1-2/NA:2010-12 »Nationaler Anhang – National festgelegte Parameter – Eurocode 2: Bemessung und Konstruktion von Stahlbeton- und Spannbetontragwerken – Teil 1-2: Allgemeine Regeln – Tragwerksbemessung für den Brandfall«
- DIN EN 1993-1-2:2010-12 »Eurocode 3: Bemessung und Konstruktion von Stahlbauten – Teil 1-2: Allgemeine Regeln – Tragwerksbemessung für den Brandfall« (konsolidierte Fassung)
- DIN EN 1993-1-2/NA:2010-12 »Nationaler Anhang – National festgelegte Parameter – Eurocode 3: Bemessung und Konstruktion von Stahlbauten – Teil 1-2: Allgemeine Regeln – Tragwerksbemessung für den Brandfall«
- DIN EN 1994-1-2:2010-12 »Eurocode 4: Bemessung und Konstruktion von Verbundtragwerken aus Stahl und Beton – Teil 1-2: Allgemeine Regeln

– Tragwerksbemessung für den Brandfall« (konsolidierte Fassung)
- DIN EN 1994-1-2/NA:2010-12 »Nationaler Anhang – National festgelegte Parameter – Eurocode 4: Bemessung und Konstruktion von Verbundtragwerken aus Stahl und Beton – Teil 1-2: Allgemeine Regeln – Tragwerksbemessung für den Brandfall«
- DIN EN 1995-1-2:2010:12 »Eurocode 5: Bemessung und Konstruktion von Holzbauten – Teil 1-2: Allgemeine Regeln – Tragwerksbemessung für den Brandfall« (konsolidierte Fassung)
- DIN EN 1995-1-2/NA:2010:12 »Nationaler Anhang – National festgelegte Parameter – Eurocode 5: Bemessung und Konstruktion von Holzbauten – Teil 1-2: Allgemeine Regeln – Tragwerksbemessung für den Brandfall«

Derzeit befinden sich die Eurocodes in Überarbeitung. Endgültige Neufassungen werden 2027 nach Auskunft des DIN erwartet. Detaillierte Ausführungen sind der weitergehenden Fachliteratur zu entnehmen.

3.8 Zulassung der Verwendung von Baustoffen, Bauteilen und Bauprodukten

Die Landesbauordnungen verlangen, dass Bauprodukte nur verwendet werden dürfen, wenn sie für eine angemessene

Gebrauchsdauer die Anforderungen der Bauordnung erfüllen und gebrauchstauglich sind. Im übertragenen Sinne heißt dies, dass sie zugelassen sein müssen. Im Folgenden werden die Prinzipien der Zulassung in groben Zügen dargestellt. Zum besseren Verständnis der Zusammenhänge werden zunächst einige Begriffe erläutert.

3.8.1 Begriffe

Bauprodukt

Nach § 2 Abs. 10 MBO sind Bauprodukte wie folgt definiert:

Bauprodukte sind

- **Baustoffe, Bauteile und Anlagen, die hergestellt werden, um dauerhaft in bauliche Anlagen eingebaut zu werden,**
- **aus Baustoffen und Bauteilen vorgefertigte Anlagen, die hergestellt werden, um mit dem Erdboden verbunden zu werden wie Fertighäuser, Fertiggaragen und Silos.**

Bauart

Bauart ist das Zusammenfügen von Bauprodukten zu baulichen Anlagen oder Teilen von baulichen Anlagen.

Muster-Verwaltungsvorschrift Technische Baubestimmungen (MVV-TB)

Die Muster-Verwaltungsvorschrift Technische Baubestimmungen (MVV-TB) ist eine Regelung, die den Vorbeugenden

Brandschutz vor allem hinsichtlich der Vorgaben für die rechtssichere Verwendung von Bauprodukten beeinflusst. Sie war nach 2014 notwendig geworden, nachdem der Europäische Gerichtshof (EuGH) in der Rechtssache C-100/13 beklagte, dass die Bundesrepublik Deutschland gegen Regelungen der Bauproduktenrichtlinie (Richtlinie 89/106/EWG) verstoße. Demnach würden in damals verwendeten Bauregellisten unzulässigerweise zusätzliche Anforderungen an Bauprodukte gestellt, die nach europäischer Norm hinreichend definiert waren.

Als Folge aus der Rechtssache wurden die damaligen Bauregellisten abgeschafft und die neue Musterverordnung Technische Baubestimmungen (MVV-TB) geschaffen.

In der MVV-TB sind die Anforderungen hinsichtlich des Brandschutzes aus der Musterbauordnung verbunden mit notwendigen Definitionen und Prüfverfahren durch Technische Baubestimmungen wie DIN-Normen oder EN-Normen u. Ä. enthalten. Zusätzlich werden für die verschiedenen Grade der Anforderungen hinsichtlich des Brandschutzes Klassen formuliert, die dann auf Bauprodukte angewendet werden bzw. zu deren Kennzeichnung führen.

3.8.2 Verwendbarkeitsnachweis

§ 17 MBO regelt die Bedingungen, unter denen Bauprodukte nur verwendet werden dürfen:

1. wenn sie den durch das Deutsche Institut für Bautechnik in der MVV-TB bekannt gemachten Regeln

entsprechen und dies auch nachgewiesen wird (durch Übereinstimmungszeichen nach § 22 MBO).

2. wenn sie den Regeln der MVV-TB nicht entsprechen oder wenn es keine Regeln für diese Bauprodukte gibt, sie aber entweder
   - eine allgemeine bauaufsichtliche Zulassung oder
   - ein allgemeines bauaufsichtliches Prüfzeugnis oder
   - eine Zustimmung im Einzelfall haben.
3. wenn sie nach europäischen Vorschriften wie dem Bauproduktengesetz in Verkehr gebracht wurden, das europäische CE-Zeichen tragen und dieses die festgelegten Klassen- und Leistungsstufen (auch hinsichtlich des Brandverhaltens) aufweist.

3.8.3 Übereinstimmungsnachweis

Mit dem Übereinstimmungszeichen Ü erklärt der Hersteller, dass sein Bauprodukt den Regeln der MVV-TB oder den europäischen Vorschriften z. B. dem Bauproduktengesetz entspricht. Das Ü-Zeichen ist also eine Herstellerkennzeichnung, die sich aber nach den festen Regeln der Übereinstimmungszeichenverordnung der Länder richten muss.

4 Organisatorische Maßnahmen des Vorbeugenden Brandschutzes

4.1 Feuerwehrpläne

Die Feuerwehr benötigt im Gefahrenfall unverzüglich Informationen über die Nutzung, die Größenordnung, die Zugänglichkeit sowie über besondere Gefahrenstellen einer baulichen Anlage. Bei Wohn- und kleineren Geschäftshäusern sind diese Informationen im Allgemeinen durch die Nutzer, durch Erkundung an der Einsatzstelle oder aber auch durch allgemeine Erfahrung des Einsatzleiters leicht zu erhalten. Bei komplexeren Objekten ist ein Feuerwehrplan erforderlich, der sowohl von der Feuerwehr mitgeführt wird als auch im Objekt vorliegt (► Bild 9). Durch die Mitnahme des Feuerwehrplanes kann bereits vor Ankunft an der Einsatzstelle ein Überblick gewonnen werden. Die Feuerwehrpläne sind genormt nach DIN 14095.

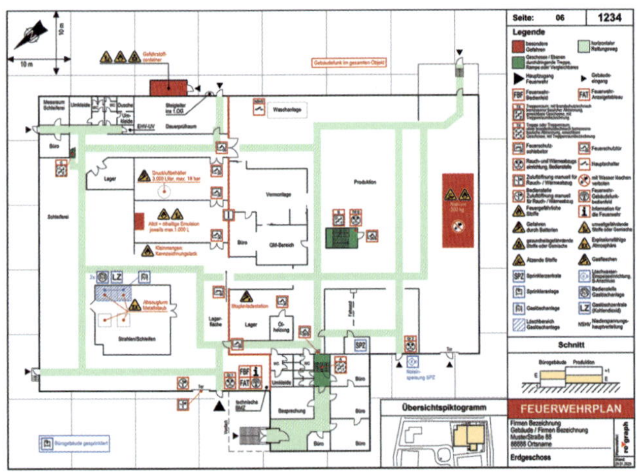

Bild 9: ***Beispiel eines Feuerwehrplans nach DIN 14095 (Quelle: re'graph GmbH, Korntal-Münchingen)***

Der Feuerwehrplan enthält objektbezogene Informationen und ist insbesondere bei folgenden Objekten erforderlich:

- komplexe, unübersichtliche Gebäude,
- Objekte, von denen ein erhöhtes Gefahrenpotenzial ausgeht (z. B. Industrieanlagen, Hochregallager, Gebäude mit Gefahrgut),
- Objekte, bei denen eine erhöhte Personengefährdung vorliegt (z. B. Versammlungsstätten, Pflegeheime, Krankenhäuser, Hotels),
- Objekte mit Brandmeldeanlagen.

4.1 Feuerwehrpläne

Feuerwehrpläne können im Rahmen des Brandschutzkonzeptes zur Erfüllung des Schutzzieles »Ermöglichung wirksamer Brandbekämpfung« gefordert werden. Sie werden nach DIN 14095 »Feuerwehrpläne für bauliche Anlagen« erstellt und müssen mindestens enthalten:

1. Bezeichnung des Objektes,
2. Art der Nutzung,
3. Bezeichnung des Geschosses (die Lage zum Erdgeschoss muss erkennbar sein), Anzahl der Vollgeschosse und der Untergeschosse (jeweils auf das Erdgeschoss bezogen, z. B. -1, EG, +1),
4. Trennwände, Wände, die Brandabschnitte bilden,
5. Öffnungen in Wänden und Decken,
6. Zugänge und Notausgänge,
7. Treppenräume, Treppen, erreichbare Geschosse,
8. nicht begehbare Flächen,
9. besondere Angriffs- und Rettungswege (z. B. Rettungstunnel),
10. Feuerwehraufzüge,
11. Bedienstellen für Rauch- und Wärmeabzüge sowie Anlagen, die von der Feuerwehr bedient werden können (z. B. Gasabsperrschieber),
12. Löschwasseranlagen »trocken«, »nass« und »nass/trocken«,
13. ortsfeste und teilbewegliche Löschanlagen mit Angaben zur Art und Menge der Löschmittel sowie zur Lage der Zentrale (z. B. Sprinklerzentrale),
14. Angaben über die Art und Menge von feuergefährlichen Stoffen, Giftstoffen und explosionsgefährlichen Stoffen,

15. Angaben über Gefahrengruppen bei radioaktiven Stoffen,
16. brandschutztechnische Risiken (z. B. ungeschützte Stahlkonstruktion),
17. Löschwasserentnahmestellen,
18. Löschwasserrückhalteanlagen.

Feuerwehrpläne müssen im Format DIN A3 hergestellt und mit einem Raster versehen sein, mit dessen Hilfe die Entfernung von zehn Metern erkannt werden kann. Wenn die bauliche Anlage sehr groß ist, können ggf. zusätzliche Pläne (z. B. Geschosspläne) ergänzt werden. Ein Übersichtsplan ist aber auf jeden Fall erforderlich. Mittlerweile werden die Feuerwehrpläne auch elektronisch auf Laptops bereitgestellt.

Geschosspläne

Wenn infolge der Komplexität eines Objektes ein Feuerwehrplan als Übersichtsplan nicht mehr ausreicht, können Geschosspläne notwendig werden. Darin sollten mindestens vorhanden sein:

1. Bezeichnung/Nummer des Geschosses,
2. Nutzung der Räume,
3. Treppenräume und Zugangstüren (mit Kennzeichnung Brandschutzqualität),
4. Rettungswege,
5. Trennwände und Brandwände,
6. Einrichtungen für die Feuerwehr.

Textteil
Ergänzend zu den genannten Planunterlagen mit den feuerwehrrelvanten Informationen, wird ein Textteil erstellt. Darin sind Informationen zum Betrieb enthalten (z. B. Ansprechpartner, Telefonnummern, Information zur Tragkonstruktion etc.).

Der Feuerwehrplan muss alle zwei Jahre aktualisiert werden.

4.2 Flucht- und Rettungspläne

Nutzer einer baulichen Anlage, die entweder Beschäftigte sind oder sich dort als Gäste aufhalten, müssen über das Verhalten im Gefahrenfall und die vorhandenen Rettungswege informiert werden. Hierzu dienen Flucht- und Rettungspläne, die an gut sichtbarer Stelle, in Hotels auch an jeder Zimmertür, angebracht sein müssen und von dort aus den Weg zum nächsten sicheren Ausgang oder Treppenraum anzeigen. Die Pläne müssen lagerichtig für eine leichtere Lesbarkeit aufgehängt werden. Flucht- und Rettungspläne sind genormt nach DIN ISO 23601.

4.3 Brandschutzordnungen

Die Brandschutzordnung nach DIN 14096 (Ausgabe 5-2014) regelt das erforderliche Verhalten von Personen innerhalb eines Gebäudes im Brandfall und gibt Hinweise zur Verhütung von Bränden. Die DIN 14096 sieht eine Aufteilung der Brandschutzordnung in drei Teile vor:

- DIN 14096-1 legt das exakte Aussehen des Teils A einer Brandschutzordnung (Aushang) fest, der sich an alle Mitarbeiter, Bewohner oder Besucher einer baulichen Anlage wendet. Die Brandschutzordnung Teil A enthält alle wichtigen Verhaltensregeln in schriftlicher Form (▶ Bild 10).
- DIN 14096-2 beschreibt Teil B der Brandschutzordnung, der sich an Personen richtet, die sich nicht nur vorübergehend in einer baulichen Anlage aufhalten, aber keine besonderen Aufgaben im Brandschutz übertragen bekommen haben. Er besteht aus schriftlich abgefassten Hinweisen und Verhaltensregeln zur Verhinderung der Rauchausbreitung, Freihaltung der Flucht- und Rettungswege sowie zum Verhalten im Brandfall. Eine Brandschutzordnung Teil B enthält immer auch den Teil A. Die Gestaltung ist freier als bei den exakten Vorschriften der DIN 14096-1 für die Brandschutzordnung Teil A, die Reihenfolge der einzelnen Punkte ist zur Erreichung eines inhaltlich immer gleichen Erscheinungsbildes jedoch vorgegeben. Folgende Punkte sind in der Reihenfolge vorgegeben:
  - Brandverhütung,
  - Brand- und Rauchausbreitung,
  - Flucht- und Rettungswege,
  - Melde- und Löscheinrichtungen,
  - Verhalten im Brandfall,
  - Brandmeldung,

Brandschutzordnung

nach DIN 14 096 - A

Brände verhüten

Rauchverbote und Verbot zum Umgang mit offenem Feuer in den gekennzeichneten Bereichen beachten!

Verhalten im Brandfall

Ruhe bewahren

Brand melden

Hausalarm über Druckknopfmelder auslösen und Feuerwehr über Notruf ☎ 112 alarmieren!

Inhalt der Meldung:

- Wer meldet?
- Was ist passiert?
- Wo ist etwas passiert?
- Wie viele Personen sind betroffen/verletzt?
- Warten auf Rückfragen!

In Sicherheit bringen

- Gefährdete Personen mitnehmen
- Hilfsbedürftigen Personen helfen
- Türen schließen
- Gekennzeichneten Rettungswegen folgen
- Keine Aufzüge benutzen
- Anweisungen der Brandschutzhelfer/Feuerwehr befolgen

- Sammelstelle aufsuchen

Löschversuche unternehmen

- Feuerlöscher benutzen, Eigensicherung beachten
- Möglichst mehrere Handfeuerlöscher gleichzeitig einsetzen

www.brandschutzconsulting.de

Bild 10: ***Beispiel für eine Brandschutzordnung Teil A***

  - Alarmsignale und Anweisungen,
  - In-Sicherheit-Bringen,
  - Löschversuche unternehmen,
  - besondere Verhaltensmaßregeln.
- DIN 14096-3 beschreibt Teil C der Brandschutzordnung, der sich an Personen richtet, die besondere Aufgaben im Brandschutz haben. Dazu gehören z. B. Brandschutzbeauftragte, Sicherheitsfachkräfte, Hausfeuerwehrleute oder Werkschutzkräfte. Teil C der Brandschutzordnung stellt die betriebsspezifische Organisationsvorschrift für den Brand- und Gefahrenfall dar und ist auf den jeweiligen Betrieb bzw. die jeweilige Einrichtung zugeschnitten. Er enthält Hinweise zur Brandverhütung, einen Alarmplan (z. B. Hausalarm, Alarm für Selbsthilfekräfte, Alarm für Geschäftsleitung), eine Beschreibung der Sicherheitsmaßnahmen für Menschen, Tiere, Umwelt und Sachwerte (z. B. Räumung durchführen, hilfsbedürftige Personen betreuen, Betriebsunterbrechung anordnen), vorbereitende Maßnahmen für den Einsatz der Feuerwehr (z. B. Einweisung, Bereitstellung sachkundiger Personen, Löschwasserentnahmestellen freimachen) sowie Hinweise zur Nachsorge (z. B. Übergabe der Einsatzstelle durch die Feuerwehr an den nächsten Verantwortlichen, Sicherung des Gebäudes, Unterstützung bei der Brandursachenermittlung).

4.4 Brandverhütungsschau

Brandverhütungsschauen sind ein Mittel zur Überprüfung des aktuellen Zustandes einer baulichen Anlage hinsichtlich der Brandsicherheit. Die Brandverhütungsschau ist in den Bundesländern unterschiedlich geregelt und wird dort z. B. auch Brandschau oder Brandsicherheitsschau genannt. Es gibt sowohl Regelungen, nach denen die Feuerwehr eigenständig die Überprüfung vornimmt, als auch solche, nach denen die Zuständigkeit bei der unteren Bauaufsicht liegt und die Feuerwehr nur beteiligt wird. Die rechtlichen Grundlagen sind entweder in den jeweiligen Brandschutzgesetzen der Länder oder in den Bauordnungen der Länder geregelt.

Im Wesentlichen beschränkt sich die Brandverhütungsschau auf Sonderbauten, die entweder wegen ihrer hohen Konzentration an Menschen (z. B. Hotels, Krankenhäuser, Schulen) oder ihrer besonderen Gefahrenlage (z. B. Tanklager, Störfallbetriebe) ein herausragendes Risiko darstellen.

4.5 Brandsicherheitswachdienst

Ein Brandsicherheitswachdienst kann bei Veranstaltungen gefordert werden, wenn durch die Art der Veranstaltung eine besondere Gefährdung besteht und deshalb sofortige Maßnahmen von in der Brandbekämpfung ausgebildetem Personal erforderlich sind. Die Anforderungen an das Personal des Brandsicherheitswachdienstes werden durch Landesrecht festgelegt und sind meistens in den Versammlungsstättenverordnungen (VStättVO) und zugehörigen Ausführungsvorschriften geregelt. Seinen Ursprung hat der Brandsicherheitswachdienst in den Theaterbränden Mitte des 18. Jahrhunderts, als die Bauvorschriften für Theater noch nicht so ausgefeilt waren wie heute und auch der Umgang mit Feuer in Versammlungsstätten noch sorgloser vor sich ging. Ob die Feuerwehr oder ein externer Dienstleister diese Aufgabe übernimmt, hängt von der örtlichen Aufgabenzuweisung ab.

4.6 Brandschutzerziehung und Brandschutzaufklärung

Im Ernstfall eines tatsächlichen Brandes, lässt sich oftmals feststellen, dass die dabei betroffenen Menschen keine Vorstellung vom sachgerechten Umgang und Verhalten mit Feuer haben. Daraus hat sich in der Vergangenheit die Brandschutzerziehung der Feuerwehren entwickelt. Bei der Brandschutzerziehung geht es zum einen darum, Kindern in verschiedenen Altersstufen den richtigen Umgang mit Feuer zu vermitteln. Zum anderen soll durch Brandschutzaufklärung auf das richtige Verhalten für alle Personengruppen im Brandfall hingewirkt werden. Hierfür engagiert sich insbesondere der gemeinsame Ausschuss des Deutschen Feuerwehrverbandes (DFV) und der Vereinigung zur Förderung des Deutschen Brandschutzes (vfdb) für Brandschutzerziehung und Brandschutzaufklärung (www.brandschutzaufklaerung.de). Brandschutzaufklärung richtet sich im Wesentlichen an Erwachsene. In diesem Rahmen wird jährlich auch ein bundesweites Treffen der Brandschutzerzieher zum Erfahrungsaustausch angeboten. Im Rahmen der Arbeit dieses Ausschusses wurden zahlreiche Fachempfehlungen entwickelt, die Hinweise geben, wie man Brandschutzerziehung und Brandschutzaufklärung bei verschiedenen Personengruppen durchführen kann. Die Fachempfehlungen sind sowohl auf der Website des DFV (www.feuerwehrverband.de) als auch der vfdb (www.vfdb.de) zu finden. Besonders hervorzuheben ist die Fachempfehlung »Verhalten bei Bränden«, die sich gezielt mit dem Verhalten bei Bränden in verschiedenen Wohnumfeldern (Einfamilienhaus, Mehrfamilienhaus, Treppenraum) beschäftigt.

4.7 Brandschutzbeauftragter

Bei besonderen brandschutztechnischen Risiken oder großen Anwesen kann auf Basis einer Gefährdungsbeurteilung ein Brandschutzbeauftragter zur Unterstützung der Betriebsleitung verlangt werden. Hierbei ist das Ziel, dass die Betriebsleitung in brandschutztechnischen Fragen unterstützt wird und das Brandschutzkonzept dauerhaft im Betriebsablauf eingehalten wird. Der Brandschutzbeauftragte hat eine Beratungsfunktion und wird hierzu förmlich bestellt und benötigt eine mehrtägige Ausbildung und regelmäßige Fortbildungen.

4.8 Brandschutzhelfer

Die notwendige Anzahl von Brandschutzhelfern ergibt sich aus der ASR A2.2. Ein Anteil von fünf Prozent der Beschäftigten ist in der Regel ausreichend. Hierbei handelt es sich um Betriebspersonal, welches mit wenigen Stunden Unterweisung in Brandschutzbelangen für die Aufgabe vorbereitet wird. Im Gefahrenfall soll diese Personengruppe Tätigkeiten durchführen wie Einsatz von Feuerlöschern, Unterstützung bei der Räumung des Gebäudes etc.

5 Verwirklichung der Schutzziele der Bauordnung

Im nachfolgenden Kapitel wird versucht, die Grundlagen des Vorbeugenden Brandschutzes anhand der Maßnahmen zu erläutern, die zur Verwirklichung der einzelnen Schutzziele erforderlich sind. Im Rahmen der Erläuterung der einzelnen Schutzziele wird dabei Bezug auf den jeweiligen Paragrafen der MBO genommen. Für die Verwirklichung im Rahmen von Stellungnahmen muss dann der jeweilige Paragraf der entsprechenden LBO angewendet werden.

5.1 Vorbeugung der Entstehung von Bränden

5.1.1 Bauliche Maßnahmen

Die Entstehung eines Brandes ist im Wesentlichen von der Zündfähigkeit der verwendeten Materialien abhängig. Da die Möblierung sowie Nutzgegenstände, die durch den Nutzer in ein Gebäude eingebracht werden, im Normalfall nicht Gegenstand der Betrachtung durch den Vorbeugenden Brandschutz sind, können hier nur die verwendeten Bauprodukte betrachtet werden. Eine Brandentstehung kann am einfachsten durch die Verwendung nichtbrennbarer Baustoffe vermieden werden. Da Gebäude nur aus Stahl und Stahlbeton, die als nichtbrennbare Baustoffe allgemein bekannt sind, nicht in allen Fällen erstrebenswert sind, muss man auch auf andere Baustoffe (z. B. Holz) ausweichen, die allerdings hinsichtlich der Entflammbarkeit verschiedene Qualitäten aufweisen. Hier sind dann die Klassifizierungen nach der MVV-TB wie z. B. »schwerentflammbar« oder »normalentflammbar« zu beachten.

5.1.2 Anlagentechnische Maßnahmen

Eine Verhinderung der Brandentstehung durch anlagentechnische Maßnahmen ist nur im Sonderfall durch die Reduktion des Sauerstoffgehaltes in der Luft möglich. Diese Methode wird z. B. bei Rechenzentren zur Sicherstellung einer hohen Verfügbarkeit angewendet. Die Begehung von Räumen ohne Einschränkungen für Personen ist bis zu einem Sauerstoffanteil von 17 Vol.-% möglich. Bereits bei diesem Sauerstoffgehalt geht der Abbrand der meisten Kunststoffe massiv zurück. Für Räume mit begrenzter Größe und einer hohen Wertkonzentration oder für Räume, die eine hohe Verfügbarkeit bei gleichzeitig geringer Personendichte aufweisen müssen, ist dies eine Möglichkeit, der Entstehung von Bränden vorzubeugen.

5.1.3 Organisatorische Maßnahmen

Alle organisatorischen Maßnahmen sind ohne Einschränkung anwendbar. Im Rahmen des Baugenehmigungsverfahrens kann man durch die Forderung einer Brandschutzordnung mit dem Schwerpunkt auf brandverhütende Maßnahmen (z. B. Rauchverbot, Begrenzung von Abfallmengen in Aufenthaltsräumen) dem Schutzziel auch durch organisatorische Maßnahmen gerecht werden.

5.2 Vorbeugung der Ausbreitung von Bränden

5.2.1 Bauliche Maßnahmen

Die Vorbeugung der Ausbreitung eines Brandes auf benachbarte Nutzungseinheiten stellt eines der wichtigsten Schutzziele der Bauordnung dar. Wenn die Entstehung eines Brandes nicht verhindert werden kann, so soll möglichst die Ausbreitung auf benachbarte Nutzungseinheiten verhindert werden. Daher werden brandschutztechnische Anforderungen an die Qualität der Trennwände zwischen verschiedenen Nutzungseinheiten gestellt. Allgemein wird dieses Prinzip als »Abschottungsprinzip« bezeichnet. Durch das Abschottungsprinzip wird versucht, einen Brand möglichst in einem begrenzten räumlichen Bereich zu halten. Allein eine Wohnungseingangstür ohne besonderen Feuerwiderstand kann, wenn sie geschlossen ist, meist mehr als 15 Minuten einem Brand standhalten. Hat sie einen definierten Feuerwiderstand (in der Regel 30 Minuten), kann sie dem Brand mindestens für diese Dauer widerstehen. Wichtig ist bei abschottenden Bauteilen wie Türen, dass sie im Brandfall ohne fremdes Zutun mit Hilfe von Selbstschließvorrichtungen geschlossen werden. Wenn innerhalb von Nutzungseinheiten durch Versagen von Trennwänden oder geöffnete Türen die Ausbreitung eines Brandes nicht verhindert werden kann, werden in ausgedehnten Gebäuden als nächstes Ausbreitungshindernis Brandwände errichtet.

Bild 11: ***Historische Brandwände zum Nachbarhaus über Dach geführt***

Brandwände müssen einen definierten 90-minütigen Feuerwiderstand haben und eine Stoßbelastung aushalten. Darüber hinaus müssen sie aus nichtbrennbaren Baustoffen bestehen und im Dachbereich soweit über Dach geführt werden, dass ein Überspringen des Feuers nicht möglich ist (▶ Bild 11). Brandwände dürfen nicht durchbrochen werden, es sei denn, man schafft einen gleichwertigen Schutz für die Öffnung. Dies kann z. B. durch den Einbau einer T90-Tür oder eines Fensters mit F90-Verglasung erfolgen. Leitungen müssen mit entsprechenden Brandschutzklappen in der Qualität der Brandwand (z. B. K90-Klappen) gegen Feuerdurchgang geschützt werden (▶ Bild 12).

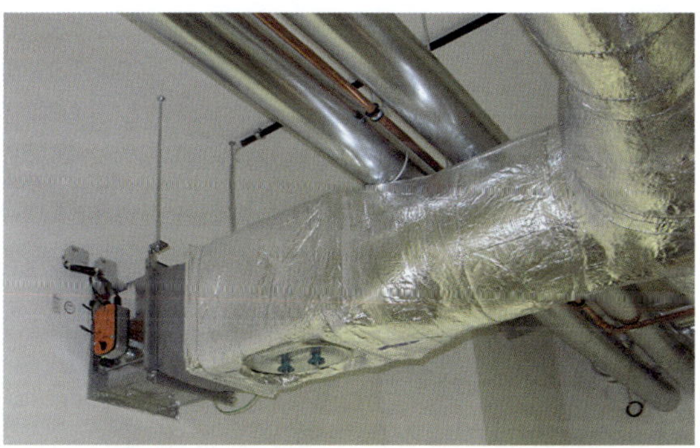

Bild 12: ***Brandschutzklappe in einer Lüftungsleitung***

5.2.2 Anlagentechnische Maßnahmen

Bauliche Maßnahmen sind besonders geeignet, um eine Brandausbreitung zu verhindern. Wenn diese aus Nutzungsgründen nicht möglich sind, können anlagentechnische Maßnahmen als Kompensation verwendet werden.

Brandmeldeanlagen

Eine wirksame Maßnahme, um die Ausbreitung eines Brandes zu begrenzen, ist dessen frühzeitige Erkennung durch eine automatische Brandmeldeanlage nach DIN EN 54.

Brandmeldeanlagen bestehen aus einem Branderkennungselement, der Leitungsanlage bis zur Brandmeldezentrale mit einer Auswerteeinheit und dem Feuerwehr-Bedienfeld sowie einer Übertragungseinrichtung. Zusätzlich können über Steuereinrichtungen noch weitere Einrichtungen wie Löschanlagen, Feuerschutzabschlüsse, Aufzüge und Ähnliches aktiviert werden. Die Brandmelder sind dezentral verteilte Branderkennungselemente, die auf verschiedene Brandkenngrößen ansprechen: Wärme, Rauch oder Infrarotstrahlung (▶ Bild 13). Wird ein vorgegebener Schwellenwert überschritten, sendet der Brandmelder eine Information an die Brandmeldezentrale.

Bild 13: ***Automatischer Brandmelder***

Die Brandmeldezentrale identifiziert den Ort, von dem die Meldung kam und gibt ein Signal an die Übertragungseinrichtung, damit die Meldung an eine ständig besetzte Zentrale oder direkt an die Feuerwehr weitergegeben wird. Diese Zentrale erhält von der Übertragungseinrichtung die Information, dass in dem Objekt ein Brandmelder eingelaufen ist. Sie veranlasst die Alarmierung der Feuerwehr, die in der Brandmeldezentrale feststellen kann, welcher Brandmelder eingelaufen ist. Diese kann dort nun Brandbekämpfungsmaßnahmen einleiten. Zur schnellen Auffindung des ausgelösten Brandmelders werden Feuerwehrlaufkarten verwendet (▶ Bild 14). Deren Ausführung ist von entscheidender Bedeutung für das schnelle Auffinden des Brandortes und sollte

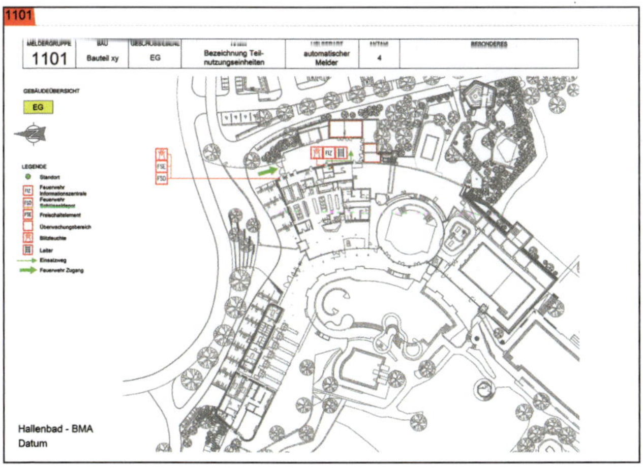

Bild 14: ***Beispiel einer Feuerwehrlaufkarte (Quelle: re'graph GmbH, Korntal-Münchingen)***

deshalb von den Feuerwehren sorgfältig kontrolliert werden. Sie wird in DIN 14675, Anhang K, beispielhaft dargestellt. Viele Feuerwehren halten ausführliche Merkblätter vor, die sich intensiv mit einer sachgerechten Ausführung der Feuerwehrlaufkarten befassen.

Mit dem Feuerwehr-Bedienfeld kann die Brandmeldeanlage durch die Feuerwehr wieder in den funktionsbereiten Zustand zurückgestellt werden (▶ Bild 15). Diese Einrichtung ist, unabhängig vom Hersteller der Brandmeldeanlage, immer gleich aufgebaut, um die Bedienung zu vereinfachen.

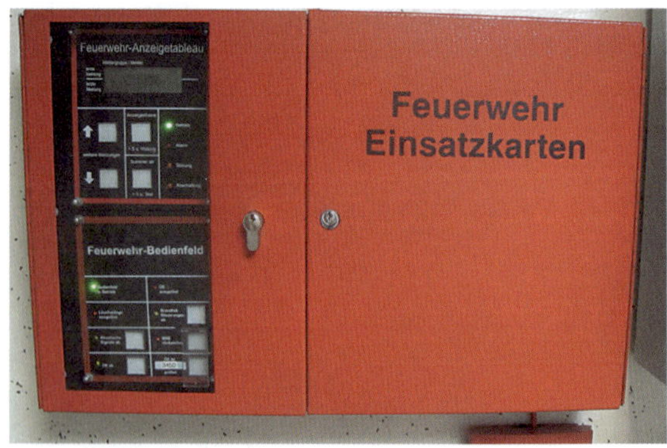

Bild 15: ***Feuerwehr-Bedienfeld und Feuerwehr-Anzeigetableau***

Da automatische Brandmeldeanlagen auch dann auslösen, wenn sich keine oder nur wenige Personen im Gebäude aufhalten, sind diese Gebäude beim Eintreffen der Feuerwehr oft verschlossen. Um ein gewaltsames Öffnen zu vermeiden und einen schnellen Zugang zu ermöglichen, werden Feuerwehrschlüsseldepots (FSD) eingerichtet. Diese sind an die Brandmeldeanlage gekoppelt und geben bei deren Auslösung eine Klappe zu einem Behältnis frei, welches von der Feuerwehr mit einem Feuerwehrschlüssel geöffnet werden kann. In diesem Behältnis werden die Zugangsschlüssel für das Gebäude aufbewahrt.

Rauchwarnmelder in Privatwohnungen

Eine wesentliche Maßnahme zur frühzeitigen Erkennung von Bränden in Privatwohnungen ist der Einbau von Rauchwarnmeldern nach DIN 14604. Sie können sowohl als Einzelmelder als auch funkvernetzt eingebaut werden. Zwischenzeitlich sind in allen Bundesländern Rauchwarnmelder für Privatwohnungen gesetzlich vorgeschrieben. Deren Ziel ist die rechtzeitige Warnung der Nutzer einer Wohnung bei auftretendem Rauch infolge eines Schadenfeuers. Die Anwendungsnorm DIN 14676 präzisiert Anforderungen zu Montage, Wartung und Austausch von Rauchwarnmeldern.

Automatische Löschanlagen

Insbesondere bei sehr großflächigen Brandabschnitten oder bei Nutzungen, die zu einer schnellen Brandausbreitung führen, ist die Installation einer Brandmeldeanlage allein nicht mehr ausreichend. Selbst bei frühzeitiger Erkennung einer Brandentstehung durch die Brandmeldeanlage würde die Feuerwehr wegen der schnellen Brandausbreitung nicht mehr rechtzeitig kommen, um eine wirksame Brandbekämpfung vornehmen zu können. In diesem Fall ist eine automatische

Löschanlage sinnvoll, die bei Erreichung der vorgesehenen Auslösegröße (Temperatur, Infrarot oder Rauchgas) das Löschmittel (Wasser, gasförmiges Löschmittel, Schaum oder Pulver) freigibt und den Brand solange unter Kontrolle hält, bis die Feuerwehr zum endgültigen Ablöschen vor Ort ist.

Sprinkleranlagen

Sprinkleranlagen sind die häufigsten automatischen Löschanlagen. Sie sind ortsfeste, selbsttätige Brandbekämpfungs- und Brandmeldeanlagen, verwenden das Löschmittel Wasser und dienen vorrangig dem Raum- und/oder Gebäudeschutz. Sie haben die Aufgabe, einen Entstehungsbrand sofort zu bekämpfen und eine Brandmeldung an die Feuerwehr bzw. eine andere ständig besetzte Stelle weiterzuleiten. Die Sprinklerung von Gebäuden wirkt sich auch günstig auf den Personenschutz aus. Sprinkleranlagen bestehen aus einer Wasserversorgung mit Wasservorratsbehälter, Pumpen, Ventilen zur Unterteilung in verschiedene Abschnitte, einem Rohrsystem und Sprinklerdüsen (▶ Bild 16).

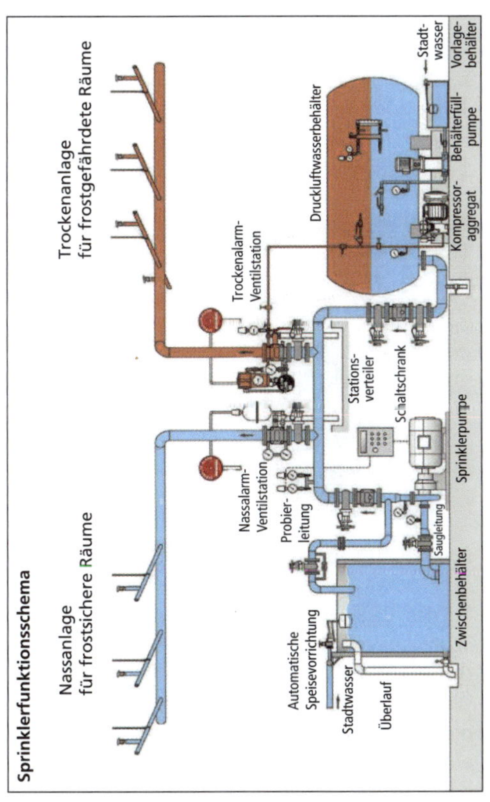

Bild 16: ***Funktionsschema einer »nassen« und einer »trockenen« Sprinkleranlage (Quelle: Minimax GmbH & Co. KG)***

Die Sprinklerdüsen werden durch eine Sprinklerampulle verschlossen, die mit einer Flüssigkeit gefüllt ist (▶ Bild 17). Bei einer Temperaturerhöhung dehnt sich die Flüssigkeit aus und die Sprinklerampulle zerspringt, sobald die Auslösetemperatur erreicht ist. Damit wird der Löschwasserstrom aus dem unter Druck stehenden Leitungssystem freigegeben.

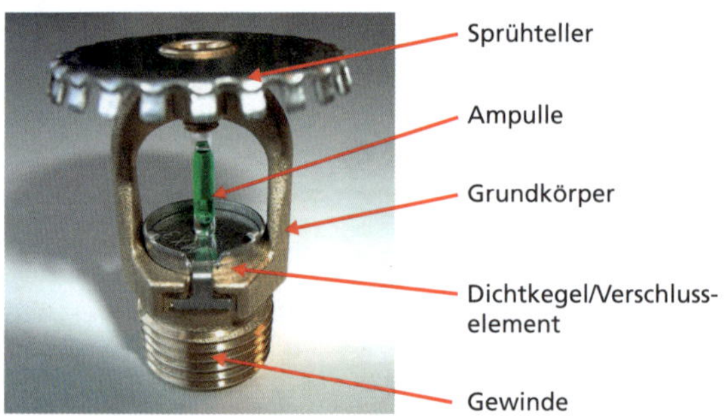

Bild 17: ***Aufbau eines Sprinklers (Quelle: vfdb)***

Mit dem Beginn des Wasserflusses im Rohrsystem springen die Sprinklerpumpen an, die aus dem Vorratsbehälter Wasser für den ausgelösten Sprinkler nachliefern. Beim Absinken des Wasserspiegels im Vorratsbehälter wird die Nachlieferung durch das Wassernetz initialisiert. Die Sprinklerdüsen werden durch die Verwendung verschiedener Glasstärken und Flüssigkeitsmengen in der Sprinklerampulle für verschiedene Auslösetemperaturen ausgelegt. Die Flüssigkeitsfärbung der verschiedenen Auslösetemperaturen wird in ▶ Tabelle 8 dargestellt.

Die Ansprechempfindlichkeit von Sprinklerdüsen wird durch den RTI-Wert (Response-Time-Index) dargestellt. Die Beeinflussung erfolgt über die Schlankheit der Glasampullen. Besonders schlanke Sprinklerampullen reagieren sehr schnell. Ein RTI-Wert > 80 stellt den Standard dar, RTI-Werte < 50 werden als besonders schnell auslösend betrachtet.

Tabelle 8: ***Farbliche Kennzeichnung der Auslösetemperatur von Sprinklerampullen***

Farbliche Kennzeichnung	Auslösetemperatur
Orange	57 °C
Rot	68 °C
Gelb	79 °C
Grün	93 °C
Blau	141 °C
Malve	182 °C
Schwarz	260 °C

Grundsätzlich wird zwischen Nassanlagen, Trockenanlagen, Nass-/Trockenanlagen, Tandemanlagen und vorgesteuerten Anlagen unterschieden. Während Nassanlagen ständig bis zum Sprinkler mit Wasser gefüllt sind, werden Trockenanlagen erst beim Auslösen eines Sprinklers mit Wasser gefüllt. Bei einer Nass-/Trockenanlage erfolgt der Betrieb im Sommer mit Wasser bis zum Sprinkler, während im Winter die Leitung aus Frostschutzgründen erst im Alarmfall mit Wasser gefüllt wird. Tandemanlagen bestehen aus nassen und trockenen Sprinklersträngen. Vorgesteuerte Anlagen kombinieren eine Trockenanlage mit einer Brandmeldeanlage. Hier wird das Leitungssystem erst dann mit Wasser gefüllt, wenn die Brandmeldeanlage einen Brand entdeckt hat.

Der Einbau von Sprinkleranlagen wird teilweise durch Rechtsverordnungen vorgeschrieben (z. B. Garagenverordnung, Verkaufsstättenverordnung), kann aber auch im Rahmen eines individuellen Brandschutzkonzeptes zur Erfüllung des Schutzzieles gefordert werden.

Sonstige automatische Löschanlagen

Gaslöschanlagen für CO_2 (▶ Bild 18), Inertgase wie Stickstoff oder Edelgase sowie Pulver- oder Schaumlöschanlagen werden weitgehend als Objektlöschanlagen eingesetzt, die das Risiko der Brandausbreitung innerhalb einer speziellen Anlage (z. B. Rechenzentrum) oder innerhalb eines speziellen Raumes (z. B. Lackieranlage) abdecken. Insbesondere die CO_2-Löschanlage verwendet ein Atemgift als Löschmittel. Damit ist neben dem gewollten Löscheffekt eine Personengefährdung möglich. Personen müssen daher vor Einleiten des Löschmittels den betroffenen Bereich verlassen haben.

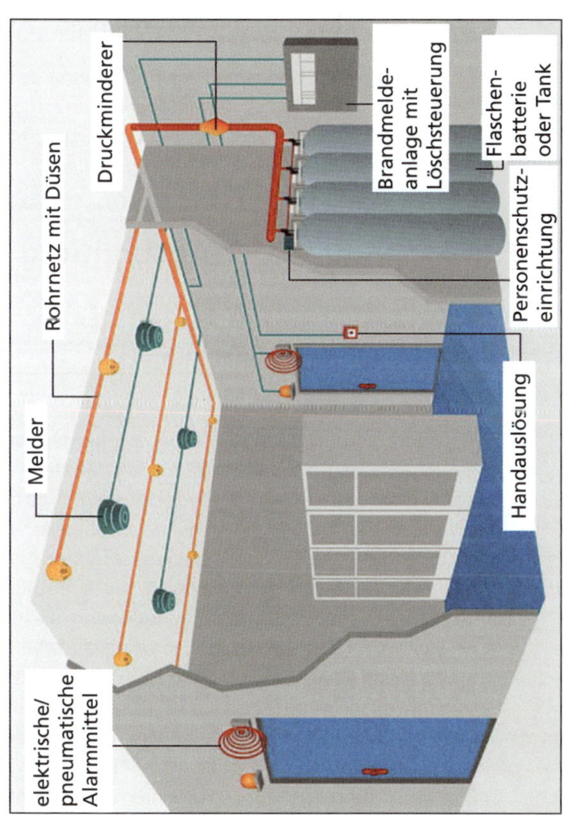

Bild 18: ***CO_2-Löschanlage (Quelle: vfdb)***

5.2.3 Organisatorische Maßnahmen

Organisatorische Maßnahmen zur Vorbeugung der Ausbreitung von Bränden können in einer Brandschutzordnung nach DIN 14096 festgeschrieben sein, z. B. das Verbot, selbstschließende Türen mit Hilfe eines Keiles aufzuhalten.

5.3 Vorbeugung der Ausbreitung von Rauch

5.3.1 Bauliche Maßnahmen

Die baulichen Maßnahmen zur Vorbeugung der Ausbreitung von Rauch sind im Prinzip die gleichen wie bei der Vorbeugung der Ausbreitung eines Brandes. Sie können aber meist auf einem niedrigeren Niveau gewährleistet werden, da der Schutz vor den Auswirkungen eines Feuers auf Bauteile wegen der auftretenden hohen Temperaturen meist höhere Anforderungen stellt als bei der Belastung durch Rauch. Insbesondere in der Phase eines Entstehungsbrandes, wenn die Brandtemperatur noch relativ gering ist, kann ein Schutz vor der Ausbreitung von Rauch für die sichere Räumung eines Gebäudes von hoher Bedeutung sein. Bauliche Vorkehrungen sind neben Brand- und Trennwänden insbesondere Türen mit Selbstschließern und umlaufenden Dichtlippen. Rauchschutztüren nach DIN 18095 führen im Verlauf von Fluren zu einer Unterteilung in Rauchabschnitte, welche die Räumung eines nicht vom Brand betroffenen Bereiches innerhalb eines Brandabschnittes erleichtern (▶ Bild 19).

Bild 19: ***Rauchschutztür im Verlauf eines notwendigen Flures***

5.3.2 Anlagentechnische Maßnahmen

Rauch, der möglichst bereits an seinem Entstehungsort abgeführt wird, kann sich nicht mehr weiter ausbreiten. Rauchabzugsanlagen sind ein wirksames Mittel, um die Ausbreitung von Brandrauch zu verhindern. Man unterscheidet natürliche und maschinelle Rauchabzugsanlagen. Natürliche Rauchabzugsanlagen funktionieren nach dem Prinzip, dass heißer Rauch nach oben steigt und durch Öffnungen im Dach (Rauchabzugsöffnungen) abziehen kann. Dies ist durch einen niedrigeren Druck im oberen Bereich des Raumes begründet. An der Öffnung zum Freien kann der Rauch, der im Gebäude unter einem höheren Druck steht, in die freie Atmosphäre entweichen. Dazu ist es erforderlich, dass im Bodenbereich durch Zuluftöffnungen wieder neue Luft nachströmen kann. Sind ausreichend große Zuluftöffnungen über die untere Hälfte der Wandflächen verteilt vorhanden, kann sich bis zu einer bestimmten Brandintensität eine stabile Rauchschichtung ausbilden, wobei im unteren Raumbereich atembare Luft verbleibt.

Maschinelle Rauchabzugsanlagen werden dann eingesetzt, wenn keine Öffnungen in einem Dach oder an einem hoch gelegenen Fenster vorhanden sind. Dann wird der Rauch mittels Ventilatoren aus dem Brandraum abgesaugt. Auch in diesem Fall ist es erforderlich, dass ausreichend Zuluft nachströmt.

Die normativen Regelungen über Rauchabzüge sind in der Normenreihe DIN EN 12101 »Rauch- und Wärmefreihaltung« zu finden. Da dies vor allem Produktnormen sind, wird für die Bemessung noch die deutsche Normenreihe DIN 18232 »Rauch- und Wärmefreihaltung« benötigt. Hierin sind insbesondere Bemessungshinweise für natürliche und maschinelle Rauchabzugsanlagen enthalten.

Die Forderung nach Rauchabzugsanlagen taucht im Wesentlichen im Industriebau und bei Versammlungsstätten auf. In der Muster-Versammlungsstättenverordnung (MVStättVO) wird für Räume ab 400 m^2 eine Rauchabzugsanlage gefordert, die eine raucharme Schicht von mindestens 2,50 m Höhe auf allen zu entrauchenden Ebenen gewährleistet. Hierfür gibt es Bemessungsverfahren, die im Wesentlichen von der Stärke des erwarteten Feuers und der Aufstiegshöhe der Rauchsäule sowie der vorhandenen Rauchabzugsöffnungen bzw. der Leistung der maschinellen Entrauchungsanlagen abhängig sind. In manchen Bundesländern wird pauschal bei Öffnungen in der Fassade 2 % der Grundfläche angesetzt, bei vertikalen Öffnungen (Dachfläche) genügen 1 % Öffnungsfläche.

Die Landesbauordnungen verlangen in Treppenräumen Fenster zum Belüften und Entrauchen. In innenliegenden Treppenräumen sind ab einer Höhe von 13 m an oberster Stelle Öffnungen für den Rauchabzug vorzusehen. Die Öffnung zur Rauchableitung muss einen freien Querschnitt von mindestens 1 m^2 haben und vom Erdgeschoss sowie vom obersten Treppenabsatz aus geöffnet werden können.

5.3.3 Organisatorische Maßnahmen

Organisatorische Maßnahmen zur Verhinderung der Rauchausbreitung beschränken sich im Wesentlichen darauf, dass z. B. Rauchschutztüren nicht mit Keilen offengehalten werden. Zudem müssen Anlagen, die zur Rauchableitung dienen, regelmäßig gewartet und instand gehalten werden. Dies wird in der Regel in einer Brandschutzordnung festgehalten.

5.4 Rettung von Menschen und Tieren ermöglichen

5.4.1 Bauliche Maßnahmen

Das Schutzziel, die Rettung von Menschen und Tieren zu ermöglichen, zählt zu den elementarsten Schutzzielen, die von den Landesbauordnungen gefordert werden. Aus baulicher Sicht wird dies durch die Vorhaltung geeigneter Rettungswege in baulichen Anlagen gewährleistet. Die Musterbauordnung legt das Prinzip der zwei voneinander unabhängigen Rettungswege aus Obergeschossen für eine Nutzungseinheit (z. B. Wohnung, Praxis oder Betriebsstätte) fest. Rettungswege müssen in möglichst kurzer Zeit von jedem Punkt einer Nutzungseinheit aus erreicht werden können und bis zum Abschluss der Rettungsmaßnahmen ausreichend Widerstand gegen die zu erwartende Brandeinwirkung aufweisen. Rettungswege haben vier wesentliche Bestandteile:

1. Gang (freie Fläche im Raum),
2. Notwendiger Flur,
3. Notwendige Treppe und Treppenraum,
4. Ausgang ins Freie.

Rettungsweg im Raum

Baulicherseits gibt es nur im Bereich von Sonderbauten wie Versammlungsstätten direkte Anforderungen an die Ausbildung des Ganges im Raum. Diese erstrecken sich aber im Wesentlichen auf die geordnete Ausführung von Bestuhlungen mit ausreichend breiten Gängen.

Notwendiger Flur

Ein notwendiger Flur ist ein Flur, über den Rettungswege aus Nutzungseinheiten oder Aufenthaltsräumen zu einem Treppenraum führen. Der Begriff »notwendiger Flur« wird in der MBO geprägt und verdeutlicht, dass dieser Flur bei allen Gebäuden erstellt werden muss, außer

- in Wohngebäuden der Gebäudeklassen 1 und 2,

- in sonstigen Gebäuden der Gebäudeklassen 1 und 2, ausgenommen in Kellergeschossen,
- innerhalb von Wohnungen oder Nutzungseinheiten mit nicht mehr als 200 m^2,
- innerhalb von Nutzungseinheiten, die einer Büro- oder Verwaltungsnutzung dienen, mit nicht mehr als 400 m^2.

Die Umfassungswände von Fluren haben mindestens die Feuerwiderstandsdauer »feuerhemmend«, in Hochhäusern »feuerbeständig«. Flure sind durch nicht abschließbare, selbstschließende und rauchdichte Abschlüsse in Rauchabschnitte von maximal 30 m Länge zu unterteilen. Putze, Verkleidungen, Dämmstoffe und Unterdecken müssen aus nichtbrennbaren Baustoffen bestehen. Wände und Decken aus brennbaren Baustoffen (z. B. Holz) müssen eine ausreichend dicke Verkleidung aus nichtbrennbaren Baustoffen haben. Daraus wird erkennbar, dass der Rettungsweg in Fluren höhere Sicherheitsanforderungen hat als der Rettungsweg im Raum.

An Türen zu Räumen, die vom Flur abgehen, werden keine Anforderungen (z. B. hinsichtlich der Selbstschließregelung) gestellt. Das heißt, dass der Gesetzgeber eine Verrauchung des Flures und auch das Herausschlagen von Flammen aus einer Raumeinheit an der Tür im Rahmen des Sicherheitsstandards der Bauordnung akzeptiert.

Eine Erleichterung ist bei Nutzungseinheiten mit Büro- und Verwaltungsnutzung bis 400 m^2 möglich: der Verzicht auf den notwendigen Flur. Damit ist eine freie Raumgestaltung und Möblierung innerhalb der Nutzungseinheit möglich. Die Tür zum Treppenraum muss aber in diesem Fall feuerhemmend und rauchdicht sein.

Notwendige Treppe und Treppenraum

Bei Gebäuden mit Obergeschossen führt der Flur zum Treppenraum. Den Abschluss des Flures bildet eine rauchdichte, selbstschließende Tür. Hieran wird erkennbar, dass im Treppenraum eine höhere Sicherheit herrscht als im Flur, da bei Funktionsfähigkeit der Treppenraumtür kein Rauch aus dem Flur in den Treppenraum eindringen kann. Da Flure im Allgemeinen brandlastfrei sind, ist die Brandbelastung der Tür zum Treppenraum meist begrenzt. Daher ist im Normalfall auch keine feuerhemmende Tür erforderlich. Nur bei Verzicht auf den notwendigen Flur, z. B. bei der 400 m^2-Büronutzung ist eine feuerhemmende rauchdichte Tür erforderlich.

Neben dem notwendigen Flur werden in der MBO auch die Begriffe der notwendigen Treppe und des notwendigen Treppenraumes genannt. Jedes nicht zu ebener Erde liegende Geschoss und der benutzbare Dachraum eines Gebäudes muss über mindestens eine Treppe zugänglich sein (notwendige Treppe). Jede notwendige Treppe muss zur Sicherstellung der Rettungswege aus den Geschossen ins Freie in einem eigenen, durchgehenden Treppenraum liegen (notwendiger Treppenraum). Dieser Treppenraum sollte im Normalfall an der Außenwand liegen und Fensteröffnungen haben. Die Öffnungen dienen in erster Linie der Orientierung der Nutzer, können aber auch zum Lüften des Treppenraumes genutzt werden.

Der Begriff »notwendig« legt damit fest, dass mindestens eine derartige Treppe erforderlich ist. Weitere Treppen können vorhanden sein, müssen aber nicht die gleichen Voraussetzungen wie die notwendige Treppe erfüllen. Folgende Anforderungen werden an notwendige Treppen gestellt:

- Notwendige Treppen sind in einem Zuge zu allen angeschlossenen Geschossen zu führen.
- Sie müssen mit den Treppen zum Dachraum unmittelbar verbunden sein (außer für Treppen in Gebäuden der Gebäudeklassen 1 bis 3 oder nach § 35 Abs. 1 Satz 3 Nr. 2 MBO).
- Die tragenden Teile notwendiger Treppen müssen
  - in Gebäuden der Gebäudeklasse 5 feuerhemmend und aus nichtbrennbaren Baustoffen,
  - in Gebäuden der Gebäudeklasse 4 aus nichtbrennbaren Baustoffen und
  - in Gebäuden der Gebäudeklasse 3 aus nichtbrennbaren Baustoffen oder feuerhemmend sein.

Notwendige Treppenräume müssen folgende Anforderungen erfüllen:

- Sie müssen an der Außenwand liegen.
- Sie müssen der zu erwartenden Brandeinwirkung standhalten (dies bedeutet in der Regel eine feuerbeständige Bauweise).
- Sie müssen von jedem Punkt eines Geschosses in maximal 35 m erreichbar sein.
- Sie müssen belüftbar sein.
- Sie müssen direkt ins Freie führen.

Abweichungen von diesen Grundsatzforderungen sind in folgenden Punkten möglich:

- Von der Lage an der Außenwand kann abgewichen werden, wenn zur Sicherstellung der Nutzung ausreichend lange gewährleistet werden kann, dass im Brandfall kein Rauch in den Treppenraum eintritt (▶ Kapitel 5.4.2).
- Der direkte Ausgang ins Freie kann auch über einen Raum führen, der folgende Anforderungen erfüllt:
  - Breite mindestens wie die dazugehörigen Treppenläufe,
  - Wände, welche die Anforderungen an die Wände des Treppenraumes erfüllen,
  - rauchdichte und selbstschließende Abschlüsse zu notwendigen Fluren und ohne Öffnungen zu anderen Räumen, ausgenommen zu notwendigen Fluren.

Prinzip der zwei unabhängigen Rettungswege

Das Prinzip der zwei unabhängigen Rettungswege sagt aus, dass aus jedem Obergeschoss mindestens zwei unabhängige Wege vorhanden sein müssen. Der Erste Rettungsweg muss immer ein notwendiger Treppenraum sein. Der Zweite Rettungsweg ist ebenfalls ein notwendiger Treppenraum, an den die gleichen Anforderungen gestellt werden wie an den ersten. Der Zweite Rettungsweg kann über den gleichen notwendigen Flur erreichbar sein wie der Erste Rettungsweg. Er kann aber auch über Leitern der Feuerwehr gewährleistet werden. Für den Einsatz der Leitern der Feuerwehr müssen die Voraussetzungen wie maximale Brüstungshöhe von 8 m bei tragbaren Leitern bzw. 23 m bei Drehleitern gegeben sein. Bei tragbaren Leitern müssen geeignete Stellflächen, bei Hubrettungsfahrzeugen Zufahrten und Aufstellflächen gewährleistet sein.

Sicherheitstreppenräume

Wenn ein Sicherheitstreppenraum vorliegt, kann auf einen Zweiten Rettungsweg verzichtet werden. Ein Sicherheitstreppenraum ist nach § 33 MBO ein Treppenraum, in den Feuer und Rauch nicht eindringen können. Grundsätzlich werden unterschieden:

- außenliegender Sicherheitstreppenraum und
- innenliegender Sicherheitstreppenraum.

Der außenliegende Sicherheitstreppenraum ist nur über einen Gang, der vom Luftstrom frei umspült ist, zu erreichen. Durch seine Konstruktion wird verhindert, dass bei der Flucht von Personen Rauch aus der brennenden Nutzungseinheit in den Treppenraum eindringen kann. Der Weg der Fliehenden führt erst über einen offenen Gang in den Treppenraum. Wenn der Rauch auf den offenen Gang trifft, entweicht er in die Atmosphäre, während die Fliehenden den sicheren Treppenraum nach unten erreichen (▶ Bild 20).

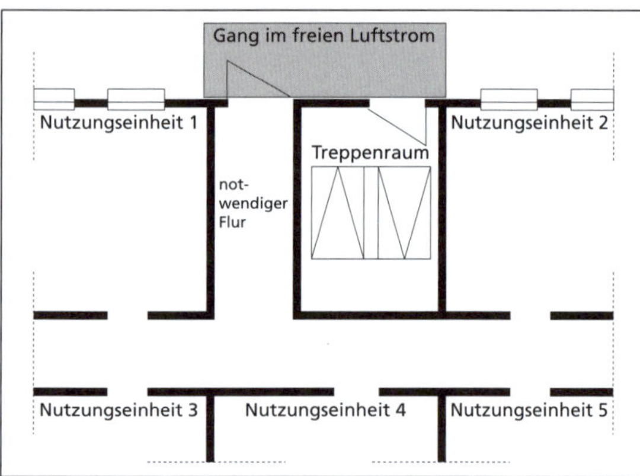

Bild 20: ***Außenliegender Sicherheitstreppenraum mit Zugang über einen Balkon (Quelle: W. Kohlhammer GmbH)***

Bei innenliegenden Sicherheitstreppenräumen erreicht der Fliehende zuerst einen Vorraum (Schleuse), bevor er den Treppenraum betritt. In diesem Vorraum wird durch anlagentechnische Maßnahmen ein Überdruck erzeugt. Wenn die Tür zum Flur, an dem die brennende Nutzungseinheit liegt, geöffnet wird, strömt Luft gegen die Rauchströmung aus dem rauchbelasteten Flur. Der Luftstrom ist so dimensioniert, dass er immer stärker ist als die durch einen Brand verursachte Rauchströmung (▶ Bild 21).

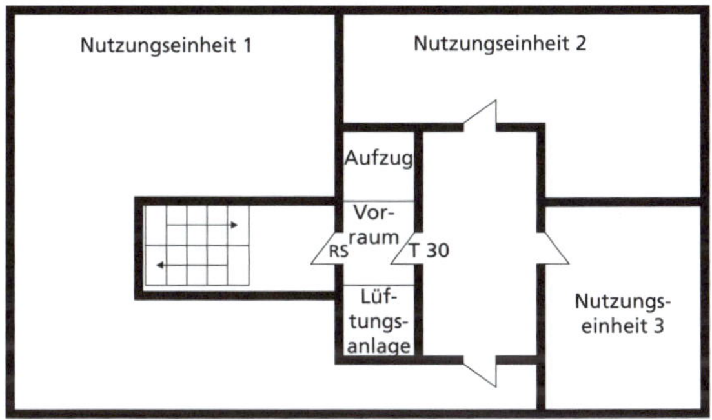

Bild 21: ***Innenliegender Sicherheitstreppenraum (Quelle: W. Kohlhammer GmbH)***

Ausgang

Ein Treppenraum muss einen Ausgang unmittelbar ins Freie haben. Diese Forderung ist notwendig, weil der Treppenraum schon als der sicherste Bereich gilt und nach dessen Verlassen keine weiteren Gefahren infolge eines Brandes auftreten sollen. Wenn der Treppenraum keinen Ausgang direkt ins Freie hat (z. B. bei der Mündung in eine Passage), stellt die MBO folgende Bedingungen. Der Ausgang muss

1. mindestens so breit sein wie die dazugehörigen Treppenläufe,
2. Wände haben, welche die Anforderungen an die Wände des Treppenraumes erfüllen,
3. rauchdichte und selbstschließende Abschlüsse zu notwendigen Fluren haben und

4. ohne Öffnungen zu anderen Räumen, ausgenommen zu notwendigen Fluren, sein.

5.4.2 Anlagentechnische Maßnahmen

Anlagentechnische Maßnahmen zur Gewährleistung der Rettung von Menschen sind insbesondere Einrichtungen, die durch Belüftung oder Durchströmung von Treppenräumen die Nutzung im Brandfall sichern. Sie sind, wie bereits im vorhergehenden Kapitel beschrieben, bei innenliegenden Sicherheitstreppenräumen erforderlich. Ihre Anforderungen richten sich nach DIN EN 12101 Teil 6.

Bei notwendigen Treppenräumen in Gebäuden mit einer Höhe von mehr als 13 m ist an der obersten Stelle eine Öffnung zur Rauchableitung mit einem freien Querschnitt von mindestens 1 m^2 erforderlich. Sie muss vom Erdgeschoss sowie vom obersten Treppenabsatz aus geöffnet werden können. Diese Öffnung ist jedoch nicht gleichzusetzen mit einem Rauchabzugsgerät nach DIN EN 12101 Teil 3. An die Form der Öffnung wird keine Anforderung gestellt. Bei Verwendung von horizontalen Öffnungen empfehlen sich Geräte, die strömungstechnisch ähnlich günstig gestaltet sind wie natürliche Rauchabzugsgeräte. Dadurch besteht die Chance, dass der Rauch auch bei ungünstigen Windverhältnissen aus dem Treppenraum abströmt und sowohl die Rettung als auch die Arbeit der Feuerwehr wirkungsvoll unterstützt wird.

Bei außenliegenden Treppenräumen bis 13 m Höhe ist in jedem Obergeschoss ein Fenster mit einem Durchmesser von 0,5 m^2 erforderlich, das geöffnet werden kann.

5.4.3 Organisatorische Maßnahmen

Zu den organisatorischen Maßnahmen zählen sowohl Hinweisschilder für Rettungswege als auch komplette Fluchtleitsysteme, die insbesondere in großen und komplexen Gebäuden zum Einsatz kommen. Die notwendigen Anweisungen und Regelungen werden in der Brandschutzordnung festgelegt.

5.5 Ermöglichung wirksamer Löscharbeiten

5.5.1 Bauliche Maßnahmen Zugänglichkeit für die Feuerwehr

Im Brandfall muss die Feuerwehr das betroffene Gebäude erreichen können. Dies ist in der Regel gewährleistet, wenn das Gebäude an einer öffentlichen Straße liegt und der Eingang von dort aus auf kurzem Weg erreichbar ist. Liegt er dagegen in einem größeren Abstand vom öffentlichen Verkehrsraum entfernt, so ist entweder ein Feuerwehrzugang oder eine Feuerwehrzufahrt zu schaffen. Im Allgemeinen ist ab einer Entfernung von 50 m eine Feuerwehrzufahrt erforderlich. Bei der Entscheidung über die Forderung einer Feuerwehrzufahrt ist das vorhandene Risiko zu berücksichtigen. Während z. B. bei einem großen Einkaufszentrum ab 50 m Entfernung stets eine Feuerwehrzufahrt notwendig sein wird, könnte bei einem eingeschossigen Einfamilienhaus durchaus einer Abweichung zugestimmt werden.

Zufahrten für die Feuerwehr müssen mindestens 3 m breit sein, Durchfahrten müssen eine Höhe von mindestens 3,50 m und Kurven einen Außenradius von mindestens 10,50 m haben (▶ Tabelle 9). Feuerwehrzufahrten sind für eine Belastung durch Fahrzeuge mit 16 t zulässigem Gesamtgewicht herzustellen. Detailregelungen sind der DIN 14090 »Flächen für die Feuerwehr auf Grundstücken« sowie den jeweiligen landesrechtlichen Vorschriften zu entnehmen.

Tabelle 9: ***Kurvenradien und Breiten für Feuerwehrzufahrten***

Außenradius der Kurve (in Meter)	Breite mindestens (in Meter)	
	nach ARGEBAU	nach DIN 14090 »Flächen für die Feuerwehr auf Grundstücken«
10,5 bis 12	5,0	5,0
über 12 bis 15	4,5	4,5
über 15 bis 20	4,0	4,0
über 20 bis 40	3,5	3,5
über 40 bis 70	3,2	3,5
über 70	3,0	3,0

5.5.2 Anlagentechnische Maßnahmen

5.5.2.1 Automatische Löschanlagen

Aufgrund der vorhandenen Brandrisiken (z. B. Lackierkabine im Industriebau) oder infolge der Größe der Brandabschnitte kann es notwendig sein, automatische Löschanlagen zu installieren. In diesen Fällen ist ohne weitere Maßnahmen eine wirkungsvolle Brandbekämpfung nicht möglich. Typisches Beispiel hierfür ist ein Hochregallager. Aufgrund der Bauweise, welche die Lagerung brennbarer Materialien auch über große Stapelhöhen hinweg ermöglicht, ist ein Feuer im Rahmen der üblichen Eingriffszeit der Feuerwehr nicht mehr wirkungsvoll zu bekämpfen. Durch eine automatische Löschanlage, die in die Regalebenen eingebaut wird, kann das Feuer in kürzester Zeit gelöscht bzw. soweit unter Kontrolle gehalten werden, dass die eintreffende Feuerwehr wirksame Löscharbeiten durchführen kann.

Ein weiterer Grund für den Einbau einer automatischen Löschanlage kann die Überschreitung des festgelegten Brandwandabstandes bzw. der vorgegebenen Brandabschnittsfläche sein. Der Brandwandabstand von 40 m wurde als Erfahrungswert mit der Begründung festgelegt, dass mit den üblichen Strahlrohren der Größe B eine Reichweite von ca. 20 m möglich ist. Umlaufend ist so eine Fläche von 40 m x 40 m abdeckbar. Damit kann (theoretisch) jede Stelle eines Brandherdes aus sicherer Deckung hinter einer Brandwand erreicht werden. Wenn dieses Maß überschritten ist, geht man im Allgemeinen davon aus, dass eine wirksame Brandbekämpfung nicht mehr möglich ist. Wenn für die Nutzung eine größere Brandabschnittsfläche notwendig ist, müssen Kompensationsmaßnahmen geprüft werden. Dies kann z. B. der Einbau einer Löschanlage sein. Deren Dimensionierung und das Löschmittel richten sich nach den brennbaren Stoffen und deren Verteilung.

5.5.2.2 Feuerwehraufzug

Bei Hochhäusern (höchstgelegener Aufenthaltsraum > 22 m, gemessen von der festgelegten Geländeoberfläche bis zum obersten Fußboden) wird nach der Muster-Hochhaus-Richtlinie (MHHR) der Einbau eines Feuerwehraufzuges gefordert. Der Grund hierfür liegt im Schutzziel »Ermöglichung eines wirksamen Löschangriffes«. Feuerwehrangehörige, die ihre gesamte Ausrüstung über eine Höhe von mehr als 22 m im Treppenraum tragen müssen, können Schwierigkeiten haben, um in der erforderlichen Zeit eine sichere Rettung von Menschen und Tieren und einen wirkungsvollen Löschangriff durchzuführen. Die Nutzung eines ungesicherten Aufzuges ist im Brandfall sehr gefährlich, da der durch Photozellen gesteuerte Schließmechanismus der Aufzugstüren infolge des Rauches versagen kann. Normale Aufzüge bleiben dann in einem verrauchten Geschoss stehen, weil sich die Tür nicht mehr schließt. Die vordringenden Einsatzkräfte wären so dem Feuer und Rauch schutzlos ausgeliefert. Feuerwehraufzüge führen in einen eigenen, gesicherten Vorraum, aus dem der Löschangriff mit Wasser am Strahlrohr vorgetragen werden kann. Der Feuerwehraufzug kann von der Feuerwehr mit einem eigenen Feuerwehraufzugschlüssel gesteuert werden.

5.5.2.3 Löschwasseranlagen und Wandhydranten

Zur Förderung von Löschwasser durch die Feuerwehr in große Höhen oder an schlecht zugängliche Stellen werden Löschwasseranlagen »trocken« (früher als Steigleitung »trocken« bezeichnet) verwendet. Diese bestehen aus einem Rohrleitungssystem aus genormten Rohrleitungen, Entnahmestellen in jedem Geschoss und einer Einspeisung im Erdgeschoss an der Außenseite des Gebäudes (▶ Bild 22). Die Einspeisung ist so anzuordnen, dass ein Löschfahrzeug in Stellung gebracht und von dort aus in die Löschwasseranlage »trocken« eingespeist werden kann. Dazu muss ein Hydrant in ausreichender Nähe vorhanden sein. Die Löschwasseranlage »trocken« ist so auszulegen, dass eine Wasserlieferung von 300 l/min erreicht wird. Der erforderliche Mindestdruck ist abhängig von der Nutzung des Gebäudes und wird im Brandschutzkonzept festgelegt. Erfahrungsgemäß ist ab einer Gebäudehöhe von 30 m eine Druckverstärkungsanlage erforderlich.

Als Einrichtungen zur Selbsthilfe, aber auch zur Nutzung durch die Feuerwehr, können Löschwasseranlagen »nass« eingebaut werden. Sie bestehen ebenfalls aus einem Rohrleitungssystem, sind aber mit dem Wasserversorgungsnetz verbunden. Die Entnahme von Wasser erfolgt durch Wandhydranten, deren Ausführung in DIN 14461 und DIN EN 671 geregelt ist. Heute werden bei Wandhydranten fast nur noch formstabile Schläuche verwendet, die von einer Haspel abgezogen werden (▶ Bild 23).

Bild 22: ***Verschiedene Einspeisungen für Löschwasseranlagen (provisorische Einrichtung auf einer Baustelle)***

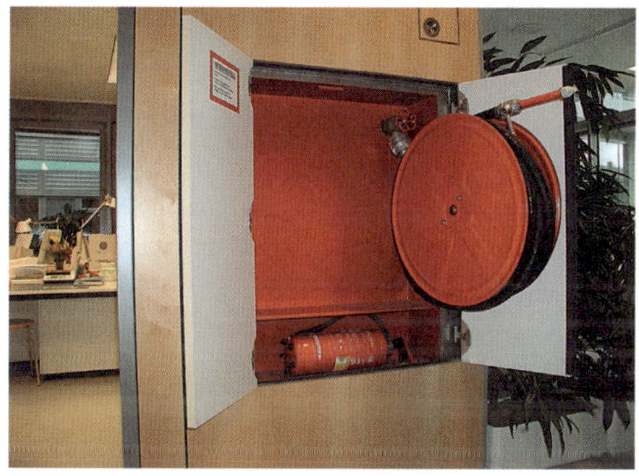

Bild 23: ***Wandhydrant***

5.5.3 Organisatorische Maßnahmen

5.5.3.1 Brandschutzordnung

Der Erlass einer Brandschutzordnung kann auch als organisatorische Maßnahme zur Ermöglichung wirksamer Löscharbeiten verstanden werden. Dabei ist es wichtig, dass die Qualität der Brandschutzordnung überwacht und auch überprüft wird, ob deren Inhalte den entsprechenden Personengruppen bekannt sind.

5.5.3.2 Werkfeuerwehren

Wenn das bestehende Brandrisiko nicht mehr alleine durch die örtliche Feuerwehr zu bewältigen ist, muss bei der Errichtung eines Gebäudes eine Werkfeuerwehr gefordert werden. Dies ist vor allem bei großen Industriebetrieben, die ein besonderes Gefahrenpotenzial aufweisen, welches sowohl spezielle Produkt- als auch Ortskenntnisse verlangt, der Fall. Regelmäßig anzutreffen sind Werkfeuerwehren aber auch in der chemischen Industrie oder auf Flughäfen.

6 Die Nutzung als Brandrisiko

Brände entstehen in erster Linie durch die Nutzung. So ist es verständlich, dass der Gesetzgeber – je nach Nutzung – unterschiedlich hohe Anforderungen an ein Gebäude stellt. Bei einem Einfamilienhaus gibt es bspw. geringere Anforderungen als bei einem großen Geschäftshaus. Ganz allgemein setzt sich das Brandrisiko zusammen aus der Brandlast, der Anzahl von Personen, die im Brandfall gefährdet sind, der Brandentstehungswahrscheinlichkeit, einer möglichen Sachschadenhöhe, der Größe des Gebäudes und der Geschosszahl. Zusammengefasst ist das Brandrisiko ein komplexes Gebilde an Einzelfaktoren, die wesentlich durch die Nutzung bestimmt werden. Das Brandrisiko bezieht sich damit auf den Personenschutz und den Sachschutz. Der Personenschutz steht bei der Gesamtbetrachtung des Brandrisikos im Vordergrund. Dies deckt sich mit den bereits genannten Forderungen der baurechtlichen Schutzziele. Für besondere Nutzungen und daraus resultierende Risiken, wie beispielsweise Versammlungsstätten oder Verkaufsstätten, hat der Gesetzgeber einen besonderen Begriff geprägt: Er spricht baurechtlich von Sonderbauten. An diese Sonderbauten, gleichbedeutend mit besonderen Nutzungen, können besondere brandschutztechnische Anforderungen gestellt werden, damit das brandschutztechnische Risiko vertretbar ist.

In ► Kapitel 5 wurden die wichtigen Schutzziele »Vorbeugung der Entstehung von Bränden«, »Vorbeugung der Ausbreitung von Bränden«, »Vorbeugung der Ausbreitung von Rauch«, »Rettung von Menschen sichern« sowie »wirksame

Löscharbeiten ermöglichen« bereits beschrieben. Für Sonderbauten müssen diese Schutzziele trotz der Schwierigkeiten, die durch die besondere Nutzung begründet sind, abgesichert sein. Hierzu hat der Gesetzgeber teilweise eigene Vorschriftenwerke (Sonderbauverordnungen) aufgestellt, damit angemessen auf die brandschutztechnischen Risiken reagiert werden kann.

Der Gesetzgeber hat diese besonderen Anforderungen nicht direkt in die jeweiligen Landesbauordnungen aufgenommen, damit sie nicht mit Einzelbestimmungen für jede Nutzung überfrachtet werden. So regelt z. B. eine Garagen- und Stellplatzverordnung alle Besonderheiten beim Bau von Garagen. Für die Aufstellung von Brandschutzkonzepten sind diese Vorschriften wesentlich, weil sie abschließend die rechtliche Grundlage bilden. Die Vorschriften sind teilweise sehr detailliert vorgegeben, z. B. der Abstand zwischen Stuhlreihen in der Versammlungsstätte, damit im Brandfall eine schnelle Räumung von jedem Platz aus möglich wird. Die Vielfalt der Vorschriften hängt mit dem bestehenden Brandrisiko zusammen, um die Sicherheit trotz des erhöhten Brandrisikos zu gewährleisten. Im Folgenden soll für die jeweilige Nutzung dargestellt werden, worin das Hauptrisiko hinsichtlich des Brandschutzes liegt. Diesem Hauptrisiko muss das Brandschutzkonzept gerecht werden. Es muss einerseits die gesetzlichen Bestimmungen und das damit verbundene Sicherheitsniveau berücksichtigen, andererseits detailliert auf den Einzelfall eingehen und die oben angesprochenen Schutzziele des Brandschutzes beim konkreten Objekt – maßgeschneidert – anpassen und für die gesamte Dauer der Nutzung gewährleisten.

An dieser Stelle kann und soll nicht auf einzelne Projekte eingegangen werden. Es wird ein allgemeiner Überblick zu den unterschiedlichen Nutzungen gegeben.

6.1 Garagen

Das Hauptrisiko bei Garagen ist das Vorhandensein von großen Mengen brennbarer Flüssigkeiten in den Fahrzeugen sowie zusätzlich die verbauten Kunststoffe. Bei der zunehmenden Zahl von Elektrofahrzeugen entfallen systembedingt die brennbaren Flüssigkeiten. Allerdings steigt das Risiko durch die leistungsfähigen Batterien und deren spezifischem Brandrisiko. Mit der Ladeinfrastruktur kommen zusätzliche Risiken durch die Ladefunktionen in die bauliche Anlage. Zukünftig kann mit weiteren Brandrisiken durch wasserstoffbetriebene Fahrzeuge gerechnet werden. Insgesamt sind damit in einer Garage alle Antriebsarten mit den jeweiligen Brandrisiken vertreten. Bisher hat der Gesetzgeber keine besonderen Vorschriften für Elektrofahrzeuge in Garagen herausgegeben.

Garagen werden nach ihrer Fläche unterteilt in Kleingaragen (< 100 m²), Mittelgaragen (< 1 000 m²) und Großgaragen (> 1 000 m²). Maßgeblich für die brandschutztechnische Bewertung ist die Nutzfläche, d. h. die Summe von Abstell- und Verkehrsfläche. Ein weiterer Faktor zur Beurteilung des Risikos ist die Lage der Garage: oberirdisch oder unterirdisch. Baurechtlich spricht man in diesem Zusammenhang von offenen oder geschlossenen Garagen. Allerdings kann auch eine oberirdische Garage geschlossen sein. Die baulichen Anforderungen steigen mit der Anzahl der möglichen Fahrzeuge (Abstellfläche) und der Lage unter Erdgleiche bzw. einer geschlossenen Hülle. Die brandschutztechnischen Anforderungen an Garagen wurden in den vergangenen Jahrzehnten reduziert. Dies ist ein Beweis dafür, dass der Gesetzgeber nicht in jedem Fall die Vorschriften verschärft, um das Brandrisiko zu beherrschen. Das Risiko für Personen ist gering, da sie sich nur für kurze Zeit in der Garage aufhalten. Erleichterungen gibt es auch für einen festen Nutzerkreis, z. B. bei einer Tiefgarage in einer Wohnanlage. Die Rettungswege müssen wie bei anderen Nutzungen auch hinsichtlich des Ersten und Zweiten Rettungsweges gesichert sein. Deshalb werden bei Mittel- und Großgaragen zwei möglichst entgegengesetzt liegende Ausgänge gefordert. Hierzu darf auch die Zufahrtsrampe als Rettungsweg angesetzt werden. Da die Brandausbreitung von Fahrzeug zu Fahrzeug in einer Garage erfahrungsgemäß langsam erfolgt, lässt der Gesetzgeber große Brand- und Rauchabschnitte zu.

Der Rauchgasmassenstrom, also die Rauchentwicklung pro Zeiteinheit, ist bei Fahrzeugbränden hoch, was zu einer raschen und massiven Verrauchung in der Garage führen kann. Trotzdem darf der Rauchabschnitt in einer geschlossenen Großgarage bis zu 2 500 m^2 groß sein. Ist die Tiefgarage gesprinklert, kann der Rauchabschnitt sogar bis zu 5 000 m^2 betragen. Die Sprinklerung wird risikoreduzierend eingestuft, was hier im Beispiel zu einer Verdoppelung der Rauchabschnittsfläche führt. Als automatische Löschanlage verhindert die Sprinkleranlage nicht nur die Brandausbreitung, sondern reduziert auch den Rauchgasmassenstrom. Damit verraucht die Garage nicht so stark, wodurch ein größerer Rauchabschnitt vertretbar ist.

Für die Rauchableitung können natürliche Öffnungen, z. B. als Lichtschächte, vorgesehen werden. Die Öffnungen sollen möglichst gegenüberliegend angeordnet sein und damit eine Querlüftung ermöglichen. Alternativ ist eine maschinelle Rauchabführung möglich (▶ Bild 24). Hierbei ist eine hohe Luftwechselrate, z. B. ein 10-facher Luftwechsel pro Stunde, anzusetzen. Das Lüftungsgerät muss auf die Rauchgastemperatur ausgelegt sein und damit eine Temperaturbelastbarkeit gewährleisten. Die Temperaturbeständigkeit liegt in der Regel bei 300 °C für die Dauer einer Stunde. Im Falle einer Sprinklerung ist diese Temperaturbeständigkeit des Lüfters nicht erforderlich. Zur Rauchableitung genügt die auf Abluft gestellte normale Be- und Entlüftungsanlage, die für die CO-Belüftung wegen des Fahrverkehrs ohnehin erforderlich ist.

Bild 24: ***Jet-Ventilatoren sorgen in dieser Großgarage für eine gerichtete Strömung und ermöglichen damit den Rauchabzug.***

Entsprechend niedriger ist die Luftwechselrate. Bei offenen Mittel- und Großgaragen ist die Rauchableitung durch die Öffnungen in der Fassade gegeben. Dies gilt für Garagen, die oberirdisch in der Fassade mindestens 2/3 Öffnungsfläche haben und die offenen Fassadenflächen nicht mehr als 70 m auseinanderliegen. Hierdurch wird eine ständige Querlüftung durch die Fassadenöffnungen gewährleistet.

Der Vorteil der guten Rauch- und Wärmeabfuhr wird bei den Bauteilanforderungen und den Rettungswegen honoriert: Während geschlossene Mittel- und Großgaragen feuerbeständig ausgeführt werden müssen, reichen bei der offenen Ausführung nichtbrennbare Baustoffe aus, z. B. ungeschützter Stahl für die Trag- und Deckenkonstruktion. Bei den Rettungswegen gilt für geschlossene Mittel- und Großgaragen, dass der Zugang zum Treppenraum über eine Schleuse erfolgen muss (▶ Bild 25). Von jedem Punkt der Garage muss ein Treppenraum in maximal 30 m Entfernung erreichbar sein. Bei der offenen Ausführung darf der Rettungsweg auf 50 m verlängert werden, eine Schleuse ist nicht erforderlich.

Eine Besonderheit stellen automatische Garagen dar. Hier werden die Fahrzeuge in einer mechanischen Förderanlage verstaut, die über eine Zufahrtsbox beschickt wird. Rettungswege sind nicht erforderlich, da sich betriebsmäßig keine Personen im Garagensystem aufhalten. Im Brandfall wird der Abstellbereich der Fahrzeuge aus Sicherheitsgründen nicht durch Einsatzkräfte betreten. Bei kleinen Anlagen mit wenigen Stellplätzen genügt in der Regel die Installation einer nichtautomatischen Löschanlage, bei größeren automatischen Garagen muss eine selbsttätige Löschanlage ausgeführt werden. Bei übereinander angeordneten Fahrzeugstellplätzen (Doppel-

Bild 25: ***Bei geschlossenen Mittel- und Großgaragen ist eine Sicherheitsschleuse erforderlich. In dieser Tiefgarage werden Brandschutzverglasungen in den Türen eingesetzt, um eine gute Übersichtlichkeit zu gewährleisten.***

parker) ist ein erhöhtes Brandrisiko gegeben, aber es werden keine zusätzlichen Maßnahmen erforderlich. Bei Dreifachparkern erhöht sich das Risiko derart, vor allem hinsichtlich der Brandausbreitung, dass im Einzelfall zusätzlich Maßnahmen erforderlich sind, z. B. der Einbau einer Sprühwasserlöschanlage. Bei der Sprühwasserlöschanlage kann die Feuerwehr von einer sicheren Stelle aus Löschwasser in die betreffenden Stellen einleiten.

6.2 Beherbergungsstätten – Hotels

Das Hauptrisiko bei Beherbergungsstätten ist die hohe Personenbelegung mit nicht ortskundigen Personen. Die Nutzung findet vorrangig nachts statt. Hotels – oder allgemeiner formuliert Beherbergungsstätten – sind klassisch auf das Wohnen ausgerichtet, die Beherbergungsräume sind also Aufenthaltsräume. Da der eigene Beherbergungsraum von seinem Nutzer abgeschlossen wird, bildet jedes Zimmer eine eigene Nutzungseinheit, ähnlich wie eine Wohnung. Daraus folgt, dass für jeden Raum zwei unabhängige Rettungswege nachgewiesen werden müssen (▶ Bild 26). Oft sind Beherbergungsstätten nicht isoliert zu betrachten, sondern es ergibt sich eine funktionale Nutzung mit Ladenpassagen, Kinos, Gaststätten etc. Im Rahmen des Brandschutzkonzeptes ist dann eine klare bauliche Trennung und Abschottung zwischen den Teilnutzungseinheiten innerhalb des Anwesens zu prüfen, damit nicht das Risiko der anderen Nutzung auf die Beherbergungsstätte übertragen wird. Hierbei ist außerdem zu prüfen, ob für die anderen Teilnutzungen im Gebäude eigene Vorschriften gelten, z. B. die Regelungen der Versammlungsstätte für ein Kino.

Günstig für die Vorbeugung gegen eine Brand- und Rauchausbreitung ist bei den einzelnen Beherbergungszimmern, dass diese durch Trennwände mit Feuerwiderstand brandschutztechnisch untereinander abgeschottet sind. Zusätzlich erfolgt die Erschließung im Regelfall durch einen notwendigen

Bild 26: ***In diesem Hotel wird der Treppenraumausgang als Lagerraum genutzt – ein Sicherheitsrisiko durch Brandlast und Verengung des Rettungsweges!***

Flur und mindestens selbstschließenden Türen zu den Beherbergungsräumen. Bei einem Brand in einem Beherbergungsraum wird damit der horizontale Rettungsweg (notwendiger Flur) hinreichend lange für eine Räumung gesichert.

Bezüglich des Risikos spielt neben der Gebäudehöhe und -ausdehnung vor allem die Anzahl der Personen in der Beherbergungsstätte eine Rolle. Der Aufenthaltsort der Personen ist beliebig und nicht näher bestimmt, die Personen können sich an jeder Stelle des Gebäudes aufhalten. Das Baurecht fordert zur Personenrettung zwei *bauliche* Rettungswege, wenn insgesamt mehr als 60 Gastbetten vorhanden sind oder mehr als 30 Gastbetten in einem Geschoss vorgehalten werden. Unterhalb dieser Grenzen ist eine Sicherstellung des Zweiten Rettungsweges mit Leitern der Feuerwehr möglich.

Neben diesen baulichen Vorkehrungen bei der Ausführung von Rettungswegen ist der anlagentechnische und organisatorische Brandschutz wichtig. Eine Sicherheitsbeleuchtung für die Sicherheitszeichen und als Stufenbeleuchtung in notwendigen Fluren und Treppenräumen ist einzuplanen. Beherbergungsstätten müssen Alarmierungseinrichtungen haben, durch die im Gefahrenfall sowohl Gäste als auch Betriebsangehörige gewarnt werden. In Einrichtungen mit mehr als 60 Gastbetten müssen diese Alarmierungseinrichtungen bei Auftreten von Rauch in notwendigen Fluren selbsttätig auslösen. Bei mehr als 60 Gastbetten sind automatische Brandmelder und Handfeuermelder vorzusehen, Aufzüge sind mit einer Brandfallsteuerung auszuführen. Mit der Brandfallsteuerung soll verhindert werden, dass der Aufzug im Brandfall zum Personen- oder Lastentransport eingesetzt wird. Der Aufzug wird in einem vorher festgelegten Geschoss, im Regelfall im Erdgeschoss, mit offenen Türen festgesetzt. Sicherheitsbeleuchtung, Alarmierungseinrichtungen und Brandmeldeanlage müssen mit einer Sicherheitsstromversorgung versehen sein. Im Rahmen des organisatorischen Brandschutzes ist eine Brandschutzordnung aufzustellen. Hierbei sind besonders die Aufgaben des Betriebspersonals im Räumungsfall festzulegen, damit klar ist, wer wann was machen muss, damit die Gäste im Gefahrenfall sicher ins Freie geführt werden. In den Zimmern sind der Fluchtwegverlauf sowie Verhaltenshinweise im Brandfall – in mehreren Sprachen – textlich und grafisch darzustellen.

6.3 Gaststätten

Das Hauptrisiko bei Gaststätten ist die hohe Belegungsdichte mit Gästen und die erhöhte Brandlast durch Ausstattung und Dekoration. Oft sind die Gasträume zudem offen mit der Küche verbunden. Gaststätten können als Ein-Raum-Gaststätte oder aus mehreren Räumen bestehend ausgeführt sein. Bei kleinen Ein-Raum-Gaststätten sind neben der nutzungsüblichen Brandlast keine wesentlichen Probleme zu erwarten, wenn die Rettungswege übersichtlich und auf die Anzahl der möglichen Personen ausgelegt sind. Bei Gaststätten mit mehreren Räumen oder sehr großen Gaststätten müssen die Rettungswege klar definiert werden. Die Ausgangsbreite der Rettungswege ist auf die Personenzahl abzustimmen und die Länge der Rettungswege wird begrenzt (in den Bundesländern wegen der großen Personenzahl in einem Raum teilweise in Analogie zu den Vorschriften bei Versammlungsstätten). Im Hinblick auf die gleichzeitige Flucht vieler Menschen müssen die Ausgangstüren in Fluchtrichtung aufschlagen, um den Staudruck beim Hinausdrängen der Personen gering zu halten. Die Tür und deren Öffnen sollen kein Hindernis darstellen. Bei kleinen Gaststätten wird als Rechtsquelle die jeweilige Landesbauordnung herangezogen, bei größeren Gaststätten ist eine Sonderbauverordnung anzuwenden. Gaststätten sind häufig mit anderen Nutzungen gekoppelt (z. B. Hotels, Versammlungsstätten, Verkaufsstätten). Dann ist zu prüfen, ob die Gaststätte als eigene Nutzung gilt – und z. B. mit eigenen Rettungswegen auszuführen ist – oder als Teil der übergeordneten Nutzung und gemeinsam mit der überwiegenden Nutzung bearbeitet wird.

6.4 Versammlungsstätten

Das Hauptrisiko bei Versammlungsstätten besteht darin, dass sich eine Vielzahl von Personen gleichzeitig in einem Versammlungsraum aufhält. Es gibt einige Parallelen zu den Verkaufsstätten, allerdings bestehen zwei wesentliche Unterschiede darin, dass sich die Personen zum einen in nur einem Versammlungsraum aufhalten und zum anderen die Personenzahl in Versammlungsstätten über die Ausgabe von Eintrittskarten steuerbar ist. Daher ist die Räumung planbarer. Bei Personen-

Bild 27: ***Da sich in Versammlungsstätten, wie hier in einem Theater, oft viele Personen aufhalten, gelten für die Bemessung der Ausgangsbreiten und den gesamten Rettungswegverlauf strenge Vorschriften.***

zahlen über 100 Personen in einem Raum wird die Nutzung als Sonderbau eingestuft. In den einzelnen Bundesländern gibt es spezielle Vorschriften für Versammlungsstätten. Diese Vorschrift (Versammlungsstättenverordnung) gilt erst ab 200 Nutzern in einem Versammlungsraum. Räume für den Gottesdienst, Ausstellungsräume in Museen sowie Unterrichtsräume werden nicht im Sinne der Versammlungsstättenverordnung behandelt.

Für 200 Personen wird eine Ausgangsbreite von 1,20 m angesetzt, pro weitere 100 Personen erhöht sich die Ausgangsbreite um jeweils 0,60 m (▶ Bild 27). Nach der MVStättVO sind Zwischenwerte möglich. Für Versammlungsstätten im Freien sowie Sportstadien gelten Erleichterungen (▶ Bild 28).

In jedem Versammlungsraum müssen mindestens zwei Ausgänge vorhanden sein – eine Redundanz der Rettungswege, wie es auch bei anderen Nutzungen gefordert wird. Die Rettungsweglänge ist auf maximal 30 m begrenzt. Mit zunehmender Höhe des Versammlungsraumes kann sie wegen des größeren Volumens und der damit verbundenen geringeren Verrauchung der Rettungswege in der Räumungsphase vergrößert werden bis auf max. 60 m. Im Gegensatz zu üblichen Nutzungen nach den Landesbauordnungen (z. B. Büronutzung), werden bei Versammlungsstätten besondere Anforderungen an das Aufstellen von Mobiliar gestellt. Die Anordnung der Stühle und Tische ist in einem Bestuhlungsplan festgeschrieben. Für jede Variante ist ein separater Bestuhlungsplan zu erstellen. Hierbei muss für jeden Einzelfall die Rettungswegsituation geklärt werden und im Hinblick auf die Möblierung und Personenzahl gesichert sein.

Bild 28: ***Bei Sportstadien sind die Rettungswege aus dem Stadion durch das Gebäude bis ins Freie genau zu planen. Die hohe Besucherzahl muss im Räumungsfall auch im Stadionumfeld berücksichtigt werden.***

Ähnlich wie bei den Verkaufsstätten, müssen bei Versammlungsstätten anlagentechnische Maßnahmen (z. B. Brandmeldeanlage, Sicherheitsbeleuchtung etc.) sowie organisatorische Maßnahmen (z. B. Brandschutzordnung, Flucht- und Rettungsplan etc.) realisiert werden. Bei kleineren Versammlungsstätten können Erleichterungen angesetzt werden. Wegen des hohen Personenrisikos dürfen Versammlungsräume nicht über 22 m Fußbodenhöhe (Hochhaus) und nicht unterhalb eines Kellergeschosses angeordnet werden. In Theatern mit einer großen Bühne ist ein so genannter »Eiserner Vorhang« vorhanden. Dieser trennt baulich die Bühne vom Zuschauerraum und kann als Maßnahme gegen eine Brand- und Rauchausbreitung aktiviert werden.

6.5 Verkaufsstätten

Bei Verkaufsstätten treffen zwei Risiken zusammen: hohe Brandlast und hohe, unkalkulierbare Personenzahl. Da im Rahmen der Öffnungszeiten ständig Personal anwesend ist, wird das Brandentstehungsrisiko während dieser Zeiten reduziert. Für Verkaufsräume und Ladenstraßen ab einer Größe von 2 000 m^2 gelten besondere Vorschriften (Verkaufsstättenverordnung, Geschäftshausverordnung). Zu einer Verkaufsstätte gehören alle Räume, die mit Aufzügen oder Ladenstraßen miteinander in Verbindung stehen. Die Verkaufsräume werden nicht isoliert bewertet, sondern das gesamte Objekt ist brandschutztechnisch zu berücksichtigen und als Verkaufsstätte zu behandeln. Angrenzende Ladenstraßen sind überdachte oder überdeckte Flächen für den Kundenverkehr, an denen Verkaufsräume liegen. Ladenstraßen können als Rettungswege gelten, wenn Rauchabzugsöffnungen vorgesehen sind und die Breite für die Flucht von Personen geeignet ist (mindestens 5 m lichte Breite).

Grundsätzlich unterscheidet man erdgeschossige Verkaufsstätten und mehrgeschossige Verkaufsstätten. Verkaufsräume und Ladenstraßen werden flächenmäßig häufig großzügig angelegt, oft über mehrere Geschosse offen. Dies widerspricht dem Abschottungsprinzip, welches bei der Ausführung von Brandabschnitten bereits beschrieben wurde. Als Kompensation für große Flächen oder die offene Verbindung mehrerer Geschosse wird die Sprinklerung der gesamten Verkaufsstätte angesetzt. Damit wird im Brandfall einer Brandausbreitung vorgebeugt. Die Rauchausbreitung wird durch die Sprinklerung allerdings nicht verhindert.

Ist das Objekt gesprinklert, werden seitens des Gesetzgebers große Zugeständnisse gemacht: Beispielsweise darf eine nicht gesprinklerte erdgeschossige Verkaufsstätte maximal 3 000 m^2 Brandabschnittsfläche haben, bei einer größeren Fläche muss eine Brandwand gesetzt werden. Mit Sprinklerung ist eine Brandabschnittsfläche von 10 000 m^2 möglich, bei mehrgeschossigen Verkaufsstätten sogar 5 000 m^2 je Geschoss! Die Geschosse können in diesem Fall offen miteinander in Verbindung stehen.

Bei der brandschutztechnischen Trennung innerhalb des Gebäudes gibt es bei Verkaufsstätten eine weitere Besonderheit: Ladenstraßen können in gesprinklerten Objekten die Funktion von Brandwänden übernehmen. Unter diesen Voraussetzungen kann eine Ladenstraße anstelle einer Brandwand eingesetzt werden, wenn

- die Ladenstraße mindestens 10 m breit ist,
- Rauchabzugsanlagen für die Ladenstraße vorhanden sind und
- Dachtragwerk und Bedachung aus nichtbrennbaren Baustoffen bestehen.

Innerhalb einer Ladenstraße, welche eine Brandwand ersetzen soll, dürfen keine brennbaren Stoffe oder Verkaufsprodukte gelagert werden, damit keine Brandweiterleitung durch den so genannten »Zündschnureffekt« eintritt. Damit ist die Brandausbreitung und -weiterleitung entlang einer Linie von brennbaren Stoffen gemeint.

Da bei den Rettungswegen vorab keine Personenzahl festgelegt werden kann, wird die Verkaufsfläche als Parameter für die Dimensionierung angesetzt. Ein Kaufhaus kann, anders als eine Versammlungsstätte, wo der Zugang über Eintrittskarten geregelt werden kann, eine unbestimmte Anzahl von Personen aufnehmen. In einer Verkaufsstätte gilt der Grundsatz: Je mehr Verkaufsfläche, desto mehr Personen können gleichzeitig in der Verkaufsstätte sein. Für Ausgänge werden 0,3 m pro 100 m^2 Verkaufsfläche als Mindest-Ausgangsbreite angesetzt. Damit wird die gesamte erforderliche Ausgangsbreite geregelt. Die Verteilung der Ausgänge ergibt sich aus der Forderung einer begrenzten Rettungsweglänge und pro Verkaufsraum mindestens zwei Ausgänge vorzusehen. Die Entfernung von jeder Stelle des Verkaufsraumes darf maximal 25 m betragen und weitere 35 m, wenn der Weg zum Ausgang über die angeschlossene Ladenstraße mit Rauchabzugsanlagen verläuft. Die Ladenstraße wird damit zum Rettungsweg.

Im Brandfall muss ein größerer Kundenstrom sicher ins Freie gelangen. Deshalb werden an die Ausgänge sowie die Flur- und Treppenbreiten Anforderungen gestellt, im Regelfall mindestens 2 m lichte Breite (▶ Bild 29). Ausgänge aus dem Verkaufsraum dürfen nicht breiter sein als ein angeschlossener Flur, damit keine Engstelle und damit kein Personenstau eintreten kann. Ladenstraßen müssen mindestens 5 m breit sein. Dreh- und Schiebetüren sind in Rettungswegen unzulässig, weil eine Flucht von Personen eingeschränkt werden könnte. Zulässig sind automatische Dreh- und Schiebetüren, welche die Rettungswege im Brandfall nicht beeinträchtigen.

Diese Türen müssen sich selbstständig im Brandfall in voller Breite öffnen.

Bild 29: ***In Verkaufsstätten müssen Rettungswege – hier der Ausgang – in voller Breite freigehalten werden. Hier wird der Ausgang teilweise von einer Warenpalette verdeckt, zudem ist er durch die Dekorationsbeklebung schwer zu erkennen.***

Eine Besonderheit bei gesprinklerten Verkaufsstätten ist die Möglichkeit des Rauchabzuges über die normale Be- und Entlüftungsanlage. Diese kann zur Entrauchung eingesetzt werden, wenn sie im Brandfall nur entlüftet (also kein Umluftbetrieb und damit keine Rauchverschleppung). Der Betreiber spart sich teure Entrauchungskonzepte, weil er die Anlage ohnehin für den Normalbetrieb benötigt.

Anlagentechnisch können bei großen Verkaufsstätten neben der genannten Sprinkleranlage folgende Maßnahmen erforderlich werden: Sicherheitsbeleuchtung, Sicherheitsstromversorgung, Brandmelde- und Alarmierungsanlagen, durch welche die Kunden im Brandfall gewarnt und gelenkt werden.

Aus organisatorischer Sicht ist neben der Brandschutzordnung zusätzlich eine verantwortliche Person erforderlich. Bei sehr großen Verkaufsstätten werden auch Selbsthilfekräfte für den Brandschutz verlangt. Diese sollen Entstehungsbrände bekämpfen und bei der Evakuierung des Gebäudes koordinierend tätig sein. Zusätzlich kann ein Brandschutzbeauftragter gefordert werden.

6.6 Krankenhäuser

In Krankenhäusern gibt es durch die Krankenzimmer eine Vielzahl an Aufenthaltsräumen. Zusätzlich sind Untersuchungs- und Sozialräume, Operationssäle, Labore, Technikräume, Lagerräume etc. vorhanden. Die verschiedenen Nutzungsbereiche bergen ein unterschiedlich hohes Brandrisiko. Die Brandlast ist unterschiedlich hoch (z. B. vollgestellter Archivraum oder Krankenzimmer, welches mit einem Hotelzimmer vergleichbar ist). Zusätzlich erhöht die medizinische Ausstattung (z. B. Sauerstoffleitungen in den Krankenzimmern) das Brandrisiko.

Die gesamte Haustechnik eines Krankenhauses mit der Leitungs- und Lüftungsführung ist eine brandschutztechnische Herausforderung, die sehr detailliert geplant und ausgeführt werden muss. Durch die verlegten Leitungen besteht die

Gefahr einer Verrauchung und Brandausbreitung, weil Wände und Decken mit Feuerwiderstand zur Leitungsdurchführung durchbrochen werden müssen. Tragende Bauteile in mehrgeschossigen Krankenhäusern müssen durchgängig feuerbeständig ausgeführt sein. Durch feuerbeständige Bauteile muss Vorsorge gegen einen Brandüberschlag an der Fassade getroffen werden. Um einer Brandausbreitung vorzubeugen, sind Brandwände auszuführen. Jedes Obergeschoss im Pflegebereich muss mindestens zwei Brandabschnitte haben. In Krankenhäusern sind – wie in Pflege- und Altenheimen – besondere Anforderungen an die Rettungswege zu stellen. Außerdem ist ein spezielles Rettungskonzept erforderlich.

In Krankenhäusern sind viele Patienten nicht gehfähig und können sich aus eigener Kraft nicht in Sicherheit bringen. Eine Flucht über Flure und Treppenräume kommt für nicht gehfähige Personen häufig nicht in Betracht, weil dies zu zeitintensiv oder schlichtweg nicht möglich ist. Vielmehr müssen gefährdete Personen auf der gleichen Ebene über horizontale Rettungswege in einen sicheren Bereich gebracht werden. Dies bedeutet, dass mindestens ein anderer Rauchabschnitt, besser noch ein anderer Brandabschnitt, erreicht werden muss. Das Krankenhauspersonal sollte so ausgebildet und verfügbar sein, dass gefährdete Personen noch vor Ankunft der Feuerwehr in einen sicheren Bereich geleitet werden können. Für die Feuerwehr gilt es, diesen Bereich besonders zu schützen bzw. im Einzelfall eine geordnete Evakuierung aus dem sicheren Bereich einzuleiten.

Rettungswege über notwendige Flure dürfen von jeder Stelle eines Aufenthaltsraumes maximal 30 m lang sein. Wegen der besonderen Nutzung müssen alle Rettungswege baulich ausgeführt sein. Damit müssen mindestens zwei Treppenräume vorhanden sein. Eine Rettung durch Anleitern wird der Zielgruppe nicht gerecht. Flurwände müssen mindestens feuerhemmend ausgeführt werden, besonderes Augenmerk ist auf die Verglasungen von Pflegestützpunkten zu richten. Hier darf im Hinblick auf die Brandlast in diesen Räumen nur eine Verglasung mit Feuerwiderstand verwendet werden. Detaillierte Regelungen gibt es für die Dimensionierung der Flurbreiten und Treppen, damit im Räumungsfall einem Personenstau von gehfähigen Patienten vorgebeugt wird. Beim Ausgang aus dem Treppenraum darf ein Rettungsweg durch eine Eingangshalle mit Verkaufsständern und Kleiderablagen führen, wenn der Weg vom Treppenauslauf zum Freien nicht mehr als 20 m beträgt, der Bereich feuerbeständig abgetrennt ist und eine Sprinkleranlage eingebaut wurde. Hier werden weitreichende Zugeständnisse hinsichtlich der Rettungswegführung gemacht.

An die schon aus funktionalen Gründen erforderliche Ersatzstromversorgung werden die Fluchtwegbeleuchtung und andere sicherheitstechnisch relevante Anlagen angeschlossen. Es können Wandhydranten erforderlich sein, um einen raschen Löscherfolg zu gewährleisten. Alarmierungseinrichtungen für das Personal sind notwendig, weil im Evakuierungs- oder Brandfall jede verfügbare Pflegekraft den Rettungseinsatz unterstützen muss. Ergänzt wird das Alarmierungssystem durch eine dem Risiko angepasste Brandmeldeanlage. Die besondere Ablauforganisation im Brandfall ist in der Brandschutzordnung festgelegt. Bei Krankenhäusern mit mehr als 1 000 Betten kann eine Hausfeuerwehr erforderlich werden. Die notwendige Anzahl an Einsatzkräften des Hauses legt die zuständige Behörde im Einzelfall fest.

Die Räumung eines Krankenhauses ist ein enormer logistischer Aufwand und kommt nur als letztes Mittel in Betracht. Die baulichen, anlagentechnischen und organisatorischen Brandschutzmaßnahmen müssen so ausgerichtet sein, dass eine Räumung des gesamten Gebäudes möglichst nicht notwendig wird.

6.7 Heime

Heime sind Einrichtungen zum Wohnen, zur Pflege oder Betreuung. Bezüglich der Zielgruppen unterscheidet man Säuglings- und Kinderheime, Altenwohn- und Pflegeheime sowie spezielle Nutzungen wie z. B. geschlossene Heime für die Psychiatrie.

Das Brandrisiko ist in Alten-/Pflegeheimen größer als im normalen Wohnbereich, da ältere Menschen die Gefahren, die von Feuer und technischen Geräten ausgehen, oft schlechter abschätzen können. Auf alte, mitgebrachte elektrische Geräte kann nur bedingt Einfluss genommen werden. Dennoch sollten alle in das Heim eingebrachten Elektrogeräte regelmäßig auf die elektrische Betriebssicherheit kontrolliert werden. Auch Rauchen im Bett kann nicht ausgeschlossen werden und stellt ein erhebliches Brandentstehungsrisiko dar.

Die strukturierte Organisation in Heimen wirkt sich positiv auf den Brandschutz aus: Die Personen werden betreut und es gibt klare Verhaltensregelungen für das Personal im Brandfall.

Neben der Brandlast, die mit der einer normalen Wohnnutzung vergleichbar ist, stellt die oft eingeschränkte Mobilität der Nutzer das Hauptproblem dar. Besonders ausgeprägt ist dies in Säuglings- und Pflegeheimen. Hier sind alle Personen auf eine Rettung durch Betreuungspersonal bzw. die Feuerwehr angewiesen.

Insbesondere in geschlossenen Abteilungen oder in Altenheimen können noch weitere Probleme auftreten: So muss z. B. von einer eingeschränkten Wahrnehmung hinsichtlich Riechen, Hören und Sehen ausgegangen werden. Zudem können Personen verwirrt sein. In geschlossenen Bereichen muss die Fluchtwegsituation eingeschränkt werden, der Fluchtweg wird erst im Brandfall freigegeben. Vor diesem Hintergrund sind Heimnutzungen in höheren Gebäuden kritisch einzustufen. Teilweise können die Probleme der Rettung im Brandfall ähnlich wie bei Krankenhäusern gelöst werden – durch horizontales Verschieben und Rettung in einen benachbarten Rauch- oder Brandabschnitt. Heime benötigen grundsätzlich zwei bauliche Rettungswege, da eine Rettung durch Anleitern bei dem genannten Personenkreis in der Regel nicht möglich ist. Im Allgemeinen haben Heimzimmer eine Zellenstruktur, womit die brandschutztechnische Abschottung zwischen den einzelnen Räumen gut hergestellt werden kann. Diese Abschottung beugt der Ausbreitung von Feuer und Rauch vor. Bezüglich der Feuerwiderstandsfähigkeit der Bauteile (Decken, Wände, Treppenräume) gelten bei Heimen ähnliche Vorgaben wie bei Krankenhäusern.

Neben den »klassischen« Altenheimen gibt es besondere Formen des gemeinschaftlichen Wohnens im Alter, bei denen um einen gemeinsamen Wohnbereich einzelne Zimmer oder

Appartements angeordnet sind. Da es in solchen Objekten aus Kostengründen oft keine durchgängige Betreuung gibt, sind diese Wohnformen aus brandschutztechnischer Sicht mit einem erhöhten Risiko hinsichtlich der Räumung verbunden. Im Einzelfall sind dann zusätzliche Maßnahmen erforderlich. Diese können sich auf die Anordnung im Erdgeschoss beziehen wie bspw. bauliche Maßnahmen durch Abschottung in kleine Brandschutzbereiche etc.

Die ARGEBAU hat hierzu die Muster-Richtlinie über bauaufsichtliche Anforderungen an Wohnformen für Menschen mit Pflegebedürftigkeit oder mit Behinderung (Muster-Wohnformen-Richtlinie – MWR) zur Orientierung im Einzelfall vorgelegt.

6.8 Schulen

Das Hauptrisiko bei Schulen ist die Anwesenheit vieler Personen (Kinder und Jugendliche) in relativ großen (mehrgeschossigen) Gebäuden. Unter Schulen werden allgemeine Bildungseinrichtungen für Kinder und Jugendliche verstanden, also keine Einrichtungen für Erwachsene. Grundsätzlich sind Schulen durch eine Aneinanderreihung von Aufenthaltsräumen geprägt, die durch neue pädagogische Konzepte zu Lernclustern zusammengeschaltet werden. Damit entstehen offene Raumgruppen und die Gefahr einer vergrößerten Rauch- und Brandausbreitung. Im Brandfall müssen die Kinder und Jugendlichen auf sicheren Wegen und möglichst rasch die Einrichtung verlassen können. Dies erfordert ein besonderes Rettungskonzept. Erwachsenen ist es eher zuzumuten, im

Gefahrenfall selbst den nächsten Treppenraum zu nutzen oder den zweiten baulichen Rettungsweg zu finden. Kindern und Jugendlichen kann dies nicht zugemutet werden. In Schulen muss im Gefahrenfall eine größere Anzahl von Kindern und Jugendlichen gleichzeitig das Gebäude verlassen. Hierbei darf keine Panik entstehen. Die Rettung ganzer Schulklassen über eine anleiterbare Stelle scheidet aus, weil für die Rettung einer Person – je nach Höhe der Anleiterstelle – ein bis drei Minuten angesetzt werden müssen. Deshalb werden in Schulen grundsätzlich zwei bauliche Rettungswege verlangt. Längere Flure in Schulen werden durch rauchdichte Türelemente (RS-Türen) in Rauchabschnitte unterteilt (► Bild 30). Außerdem werden Pausenverkaufsräume zur Sicherung des Rettungsweges mit ei-

Bild 30: ***Notwendige Flure in Schulen werden durch RS-Türen in Rauchabschnitte unterteilt.***

nem Feuerschutzabschluss (Brandschutz-Rollo) ausgestattet (▶ Bild 31).

Bild 31: ***Der Pausenverkauf wird durch einen Feuerschutzabschluss vom Rettungsweg getrennt.***

Der Schulbetrieb beschränkt sich im Allgemeinen auf die Tagesstunden, die Belegungsdichte der Räume ist hoch. Dennoch kann selbst eine Schule mit mehr als 1 000 Schülern – regelmäßige Räumungsübungen vorausgesetzt – in vertretbarer Zeit (möglichst noch vor Ankunft der Feuerwehr) geräumt werden. Wegen der schnellen Räumungsmöglichkeit und weil das Brandrisiko in Schulen relativ gering ist, können

Erleichterungen beim baulichen Brandschutz akzeptiert werden. Die Klassenräume werden überwiegend in Zellenbauweise errichtet, zunehmend mit flexibler Raumaufteilung in Lernclustern. Ein besonderes Risiko geht von den Fachklassenräumen (Chemie, Physik etc.) aus. Hier werden aus brandschutztechnischer Sicht bauliche Anforderungen an Wände, Decken und Türen gestellt.

Die Abstände der Brandwände, die einer Brandausbreitung vorbeugen sollen, können bis auf 60 m erweitert werden. Eine weitere Besonderheit bei Schulen: Die sonst übliche Abschottung der Decken kann funktionsbedingt (Aula, Pausenhalle) aufgehoben und eine über mehrere Geschosse führende Halle gebaut werden (▶ Bild 32). In dieser Halle kann ein baulicher Rettungsweg liegen, wenn bei den Wänden die gleichen Anforderungen wie bei den Treppenräumen (z. B. Brandwandqualität) vorgesehen werden und die Türen in andere Bereiche (Flure und Räume) feuerhemmend, rauchdicht und selbstschließend ausgeführt werden. Führt ein Rettungsweg durch die Halle, ist wie bei Treppenräumen eine Rauchableitung in der Halle vorzusehen. Andernfalls kann der Weg durch die Halle nicht als Rettungsweg bewertet werden und die Personen müssen auf anderen Wegen das Gebäude verlassen.

In notwendigen Fluren und Treppenräumen sowie in fensterlosen Aufenthaltsräumen muss eine Sicherheitsbeleuchtung vorhanden sein. Wie bereits erwähnt, hängt die Sicherheit einer Schule ganz wesentlich vom Räumungskonzept ab. Dieses wird durch eine Alarmierungsanlage ergänzt, durch die im Gefahrenfall die Räumung der Schule eingeleitet werden kann. Das Alarmsignal muss sich vom Pausensignal deutlich unterscheiden und in jedem Raum der Schule gehört

Bild 32: ***Eine Aula oder Pausenhalle kann über mehrere Geschosse führen. Finden dort regelmäßig Veranstaltungen mit mehr als 200 Personen statt, gelten sie als Versammlungsstätten.***

werden können. Außerdem muss dieses Signal während der Betriebszeit an einer (oder mehreren) jederzeit zugänglichen Alarmierungsstelle ausgelöst werden können. Die Alarmierungsstelle kann im Erdgeschoss beim Zugang (Hausmeister) angeordnet werden. Hier muss sich ein Telefon befinden, über das die Feuerwehr umgehend alarmiert werden kann. Die Räumung der Schule erfolgt zu festgelegten Sammelstellen. Dort ist die Vollzähligkeit der Klassen festzustellen und der Schulleitung mitzuteilen. Die anlagentechnischen Einrichtungen wie Sicherheitsbeleuchtung, Alarmierungsanlage oder Rauch- und Wärmeabzugsanlagen (RWA) müssen sicherheitsstromversorgt sein. Feuerwehrpläne und Brandschutzordnung werden im Rahmen des organisatorischen Brandschutzes erstellt. Die Brandschutzordnung enthält Regelungen über das Verhalten bei einem Brandereignis mit dem Ziel, eine Panik zu verhindern. Sie legt die Ablauforganisation im Brandfall fest.

6.9 Kindertagesstätten

Das Hauptrisiko bei Kindertagesstätten besteht durch die Anwesenheit von kleinen Kindern, die im Brandfall im Zuge der Räumung einer erheblichen Betreuung bedürfen. Zudem sind Kindertagesstätten aufgrund der funktionalen Raumanordnung mit offenen Bereichen (z. B. Foyer, Spielflur) versehen. Kindertagesstätten sind bauliche Anlagen, die meist freistehend ohne Nachbargebäude, ein- oder zweigeschossig, ausgeführt sind. Eine Kindertagesstätte kann auch als eigene Nutzungseinheit in einem anderen Gebäude integriert sein. Kindertagesstätten bestehen überwiegend aus Aufenthaltsräumen. Selbst der Flur oder das Foyer werden als Spiel- und Bewegungsräume genutzt. Sie sind oft möbliert und systembedingt mit Brandlast ausgeführt (Spielgeräte, Mobiliar etc.). Das Brandschutzkonzept muss diesem Umstand Rechnung tragen. Die Ausführung notwendiger Flure als Verbindung zum Foyer oder Treppenraum ist im Normalfall betrieblich nicht umzusetzen. Es müssen bauliche Voraussetzungen geschaffen werden, damit die Kinder im Brandfall unter Führung der Betreuer/-innen aus eigener Kraft das Freie erreichen können. Dem Rettungskonzept kommt also eine maßgebliche Bedeutung zu. Die (Selbst-)Rettung der Kinder muss so erfolgen, dass sie aus jedem Raum direkt ins Freie gelangen können. Im Obergeschoss muss die Rettung ebenfalls direkt ins Freie möglich sein (▶ Bild 33a). Hier kann ein offener Gang (Laubengang) gebildet werden, über den mittels einer oder zweier Treppen der erdgleiche Boden erreicht werden kann. Gelegentlich kommen auch Fluchtrutschen aus einem Obergeschoss in Betracht (▶ Bild 33b). Dagegen ist nichts einzuwenden, wenn die Kinder durch die spielerische Verwendung in der Benutzung geübt sind. Notleitern anstelle von Fluchtrutschen scheiden wegen der komplizierten Anwendung aus.

Einen Sonderfall stellen die Bereiche mit Krippennutzung dar. Hier werden Kinder unter drei Jahren betreut. Im Rettungsfall im Rahmen der Räumung müssen die Kinder durch das

Bild 33a: ***Die Außentreppe am Gebäude sichert den baulichen Rettungsweg der Kita.***

Betreuungspersonal aus der Krippe gebracht werden. Der Rettungsvorgang erfordert einen erhöhten Personaleinsatz, zumal die in Sicherheit gebrachten Kinder außerhalb des Gebäudes ebenfalls betreut werden müssen.

Bild 33b: ***In dieser Kita ist der Rettungsweg über eine Rutsche eingerichtet. Die Kinder müssen die Räumung über die Rutsche regelmäßig üben.***

6.10 Geschäftshäuser

Das Hauptrisiko bei Geschäftshäusern ist die häufig vorliegende Mischnutzung aus Bürobereichen, Ladengeschäften und Gastronomie. Die brandschutztechnischen Risiken sind grundsätzlich niedriger, die Zahl der Personen in den Teilnutzungseinheiten ist im Regelfall allerdings höher als bei einer Wohnnutzung. Grundsätzlich werden Geschäftshäuser mit vorrangiger Büronutzung durch die Landesbauordnungen geregelt. Allerdings können brandschutztechnisch relevante Besonderheiten hinzukommen: Nutzungseinheiten mit mehr als 400 m^2 Fläche und Gebäude mit einer Grundfläche von mehr als 1 600 m^2 gelten als Sonderbauten. An diese Gebäude können besondere Anforderungen gestellt werden.

Die Anordnung der einzelnen Baukörper kann sehr unterschiedlich sein. So kann z. B. zwischen zwei Gebäuden ein Atrium eingeschoben sein (▶ Bild 34) oder ein Hochhaus unmittelbar an einen Bürogebäudekomplex angrenzen. Im Gebäudeinnern sind große Büroflächen ohne jede Abtrennung (Großraumbüro) möglich. Bei so genannten Kombi-Büros sind verglaste, kleine Büroräume um einen gemeinsamen Mittelkern angeordnet. Brandschutztechnisch spielen hier vor allem die Vorbeugung gegen eine Brand- und Rauchausbreitung sowie die Rettungswegführung eine Rolle. Eine allgemeingültige Aussage kann wegen der unterschiedlichen Ausführungsvarianten nicht gegeben werden. Als besondere Erleichterung sehen die Landesbauordnungen bei einer Büronutzung die Möglichkeit vor, bis zu einer Fläche von 400 m^2 auf einen notwendigen Flur zu verzichten. Der horizontale Rettungsweg innerhalb der Nutzungseinheit wird damit als Gang ohne weitere Anforderung gestellt. So kann innerhalb dieser Fläche ohne jede Anforderung an die Qualität der Bauteile frei möbliert werden; Trennwände bleiben ohne Feuerwiderstand. Die Nutzungseinheit ist zu benachbarten Nutzungseinheiten mindestens feuerhemmend abzutrennen, bei höheren Gebäuden hochfeuerhemmend oder feuerbeständig, je nach Gebäudeklasse.

Bild 34: ***Bürogebäude mit einem Atrium. Die Rettungswege verlaufen im Regelfall nicht durch das Atrium, sondern führen über Treppenräume direkt ins Freie.***

Für Aufenthaltsräume ohne diese Erleichterung gilt das klassische Rettungswegprinzip: vom Raum zum Ausgang in den (notwendigen) Flur. Der Flur hat zum Schutz der fliehenden Personen Wände mit einer Feuerwiderstandsdauer, im Allgemeinen feuerhemmend. Überlange Flure (> 30 m) sind in Rauchabschnitte zu unterteilen. Dies geschieht durch den Einbau von Rauchschutztüren nach DIN 18095. Vom Flur verläuft der Weg über den Zugang zum Treppenraum, der mit einer Rauchschutztür abgetrennt wird. Im Treppenraum ist der Fliehende bereits in Sicherheit. Bis hier (oder bei erdgeschossigen Gebäuden ins Freie) wird die höchstzulässige Rettungsweglänge von maximal 35 m Lauflinie gemessen. Der Treppenraum benötigt einen sicheren Ausgang ins Freie. Deshalb werden die Anforderungen, die an die Bauteile des Treppenraums gestellt werden, bis ins Freie fortgesetzt. Ist das Freie erreicht – ein Innenhof genügt nicht – muss es eine Verbindung zur öffentlichen Verkehrsfläche geben. So können sich die Fliehenden weit genug vom Gebäude entfernen und ausreichend Platz für nachfolgende Personen schaffen.

Sollen große Geschäftshäuser möglichst offen in Höhe und Fläche gestaltet werden, wird als Kompensation meist eine Sprinkleranlage in Verbindung mit zusätzlichen Rauchmeldern eingesetzt (▶ Bild 35). Dann werden zusätzliche Anforderungen an die Rettungswege gestellt.

Bild 35: ***Die Ausführung von geschlossenen Innenhöfen bei einem Bürogebäude setzt voraus, dass Maßnahmen gegen eine vertikale Brandausbreitung getroffen werden, z. B. durch Sprinklerung des Gebäudes.***

6.11 Hochhäuser

Das Hauptrisiko bei Hochhäusern ist die Anwesenheit von vielen Personen in allen Geschossen und die große Höhe des Gebäudes. Damit ist ein erhöhtes Risiko hinsichtlich der vertikalen Brandausbreitung gegeben. Zusätzlich ist der Einsatz der Feuerwehr im Brandfall in Folge der Höhe erschwert und verzögert. Die Rettungswege müssen ausschließlich baulich über das Gebäude selbst gesichert sein, die Möglichkeit einer Anleiterung von außen scheidet aus.

Hochhäuser beginnen ab einer Grenze von 22 m Fußbodenhöhe des obersten Aufenthaltsraumes über dem Erdboden. Dieses Maß stellt die Leistungsgrenze der Drehleitern dar. Folglich kann bei einem Hochhaus eine Rettung mit Leitern der Feuerwehr nicht durchgeführt werden. In der Realität erfolgte Einsätze von Leitern unterhalb der 22-m-Grenze sind für ein Brandschutzkonzept nicht relevant und werden somit nicht weiter betrachtet. Nach verheerenden Hochhausbränden in Südamerika in den 1970er-Jahren wurden sehr detaillierte Vorschriften für den Bau von Hochhäusern erlassen und fortgeschrieben. Der Brand des Greenfell-Towers in London 2017 hat erneut das besondere Brandrisiko eines Hochhauses bestätigt. Die ARGEBAU hat eine Muster-Richtlinie über den Bau und Betrieb von Hochhäusern (Muster-Hochhaus-Richtlinie – MHHR) zur sicheren Ausführung bei Hochhäusern vorgelegt. Teilweise haben die Bundesländer eigene konkrete Vorschriften erlassen, z. B. in Bayern die Richtlinie über die bauaufsichtliche Behandlung von Hochhäusern (HHR). Im Hinblick auf neue Erkenntnisse und architektonische Gestaltungen, auch beim Einsatz von Holzwerkstoffen, ist mit einer Weiterentwicklung der Vorschriftenlage zu rechnen.

Die wesentlichen Punkte dieser Vorgaben werden im Folgenden behandelt.

Die Gefahr der Brandentstehung besteht unabhängig vom Hochhaus. Sie hängt mit der Nutzung zusammen (Werkräume, Labore, Wohnungen – mittleres bis hohes Risiko; Büros, Schulen, Hotels – geringes bis mittleres Risiko). Da brennbare Baustoffe und Bauteile die weitere Brandentwicklung begünstigen, sind sie im Hochhaus nur sehr eingeschränkt verwendbar. An tragende Bauteile werden durchgängig die Anforderungen »feuerbeständig« und »aus nichtbrennbaren Baustoffen« gestellt, ab einer Höhe von 60 m verschärfen sich die Anforderungen noch zusätzlich. Das Abschottungsprinzip kommt zum Einsatz, die feuerbeständige Ausführung von Bauteilen wird bei den folgenden Bereichen des Gebäudes umgesetzt:

- Brandwände,
- Geschossdecken,
- Wände von Installationsschächten,
- Wände von Fahrschächten mit Vorräumen,
- Wände von Treppenräumen mit Vorräumen (ggf. Brandwandqualität),
- Trennwände von Räumen mit erhöhter Brandgefahr,
- Trennwände zwischen Aufenthaltsräumen und anders genutzten Räumen im Keller,
- Wände und Brüstungen offener Gänge (Laubengänge).

Feuerhemmend und aus nichtbrennbaren Baustoffen sind folgende Bauteile:

- Trennwände zwischen Nutzungseinheiten,
- Trennwände zwischen Nutzungseinheiten und anders genutzten Räumen,
- Wände von notwendigen Fluren,
- durchgehende Systemböden,
- durchgehende Unterdecken.

Innerhalb einer Nutzungseinheit mit notwendigen Fluren, Unterdecken und Systemböden wird nur die Anforderung

»feuerhemmend« gestellt. Die vertikalen Rettungswege, offene Gänge und besondere Einzelrisiken (Technikräume etc.) sind durch höhere Wandqualitäten geschützt. Dies gilt auch für Türen in den genannten Wänden, hier werden mindestens Rauch- oder Brandschutztüren notwendig. Um die oben genannten Erleichterungen durch feuerhemmende Bauteile innerhalb des Hochhauses zu ermöglichen, wird in der Regel eine Sprinklerung des Objektes erforderlich. Zudem muss einem Feuerüberschlag an der Fassade vorgebeugt werden. Ohne Sprinklerung oder Abschottung in der Fassade könnte ein Feuer zu einer unkontrollierbaren Brandausbreitung führen, weil diese Bereiche wegen der Höhe für die Feuerwehr von außen nicht mehr erreichbar sind.

Das Rettungswegkonzept sieht vor, dass in jedem Geschoss mindestens zwei voneinander unabhängige bauliche Rettungswege ausgeführt werden müssen, die ins Freie zu öffentlichen Verkehrsflächen führen. Hierbei ist die Wegeführung zwischen den Obergeschossen und dem Kellergeschoss baulich zu trennen, damit bei einem Kellerbrand – ein den Feuerwehren bekanntes Risiko – keine Beeinträchtigung der Obergeschosse stattfindet und die Rettung nicht behindert wird. In Hochhäusern ab 60 m Höhe müssen beide Treppenräume als Sicherheitstreppenraum ausgeführt sein. Gebäude bis 60 m Höhe können als Erleichterung auch mit einem Sicherheitstreppenraum ausgeführt werden.

Sicherheitstreppenräume sind dadurch gekennzeichnet, dass Feuer und Rauch durch bauliche und/oder anlagentechnische Maßnahmen nicht in den Treppenraum eindringen können. Der Eingang in den außenliegenden Sicherheitstreppenraum ist in jedem Geschoss über einen im Freien liegenden

Balkon oder offenen Gang zu führen (▶ Bild 36) oder bei innenliegenden Sicherheitstreppenräumen über eine mittels Druckbelüftungsanlage überdruckbeaufschlagte Schleuse. Für den Einsatz der Feuerwehr wird als Aufstiegshilfe ein Feuerwehraufzug erforderlich. An diesen Aufzug werden ganz konkrete Sicherheitsanforderungen gestellt, wie z. B. eigener Schacht, Gegensprechanlage, baulich getrennter Vorraum und eigene Stromversorgung. Die normalen Aufzüge müssen mit einer Brandfallsteuerung ausgestattet sein, damit Personen im Brandfall nicht mit dem Aufzug fliehen und darin stecken bleiben.

Anlagentechnisch werden weitere Sicherheitsanlagen erforderlich, wie z. B. eine Brandmeldeanlage mit automatischen Meldern, eine Sicherheitsbeleuchtung, Löschwasseranlagen »trocken«, Wandhydranten, die auch im obersten Geschoss genügend Druck bereitstellen (3 bar bei 100 l/min, ggf. über eine Druckerhöhungsanlage). Alle sicherheitstechnischen Einrichtungen müssen an die Sicherheitsstromversorgung angeschlossen sein. Im Rahmen des organisatorischen Brandschutzes werden eine Brandschutzordnung, Feuerwehrpläne sowie Flucht- und Rettungspläne erforderlich. Der Betreiber des Hochhauses muss einen Brandschutzbeauftragten bestellen, der sich um alle Belange des Brandschutzes kümmert und den Betreiber in Brandschutzfragen berät.

Bild 36: ***Außenliegender Sicherheitstreppenraum eines Hochhauses. Der Austritt erfolgt in jedem Obergeschoss aus dem Gebäude über den Balkon im freien Luftstrom weiter in den Treppenraum.***

6.12 Industriebauten

Das Hauptrisiko bei Industriebauten ist einerseits in der Größe des Industriebaus (Hallengröße), der Brandlast und bei brandgefährlichen Produktionsprozessen zu sehen. Hierbei besteht eine besondere Gefahr der großflächigen Brandausbreitung. Andererseits ist die eher geringe Personendichte und die Ortskenntnis der Nutzer risikoreduzierend zu berücksichtigen. Das Brandentstehungsrisiko kann unterschiedlich hoch sein (z. B. Lagerhalle für Ziegelsteine, Werkhalle für Kunststoffprodukte mit Schweiß- und Schneidarbeiten).

Industriebauten sind Gebäude im Bereich der Industrie oder des Gewerbes, die für die Produktion oder Lagerung ausgelegt sind. Die brandschutztechnische Behandlung dieser Gebäude muss deshalb sehr differenziert erfolgen. Hierzu hat der Gesetzgeber ein eigenes Regelwerk geschaffen: die Muster-Industriebaurichtlinie (MIndBauRL). Hierin werden die Gebäude nach Fläche und Höhe eingestuft. Außerdem spielt die brandschutztechnische Infrastruktur eine Rolle, z. B., ob eine Werkfeuerwehr vorhanden ist oder ob das Gebäude gesprinklert wird. Diese Parameter fließen in eine so genannte Sicherheitskategorie (K1 bis K4) ein, um hinsichtlich der Größe möglicher Brandabschnittsflächen eine Bewertung des Gebäudes vornehmen zu können.

Zunächst werden allgemeine Anforderungen an den Industriebau gestellt. So muss z. B. die Zufahrt für Feuerwehrfahrzeuge möglich sein, bei größeren Gebäuden ab 5 000 m^2 Grundfläche ist eine Umfahrt erforderlich. Für die Löschwasserversorgung ist bei Abschnittsflächen von mehr als 4 000 m^2 ein

Volumenstrom von 192 m^3/h über einen Zeitraum von zwei Stunden erforderlich. Die Rettungswege werden den besonderen Bedürfnissen im Industriebau nach großen Flächen (und damit langen Wegen) durch ein abgestuftes Rettungswegkonzept gerecht. Bei Räumen bis 5 m Höhe beträgt die Rettungsweglänge maximal 35 m, bei Hallen ab 10 m Höhe maximal 50 m, Zwischenwerte werden interpoliert. Dazu kommen noch wesentliche Erleichterungen hinzu: Die Rettungsweglänge kann bei 10 m (5 m) Hallenhöhe bis zu 70 m (50 m) betragen, wenn zusätzlich schnellansprechende automatische Melder mit einer Alarmierungseinrichtung die Nutzer frühzeitig warnen oder eine Sprinkleranlage und ein manuell ansteuerbarer Internalarm vorhanden sind. Der Rettungsweg muss nicht, wie sonst von anderen Gebäudenutzungen bekannt, ins Freie oder in einen Treppenraum führen, sondern es kann auch ein anderer Brandabschnitt sein. Allerdings muss das Freie dann von diesem Brandabschnitt aus direkt erreicht werden können. Damit sind in der Industrie unter Rettungsweggesichtspunkten große Abschnitte möglich.

Im Hallenbau hat die Rauchableitung eine besondere Bedeutung. Für kleinere Objekte bis 1 600 m^2 können pauschal zwei Prozent Rauchabzugsfläche angesetzt werden. Darüber hinaus ist ein eigener Nachweis der Rauchableitung erforderlich. Die Rauchableitung kann leicht dimensioniert werden: pauschal werden 1,5 m^2 aerodynamische Rauchabzugsfläche pro 400 m^2 Grundfläche angesetzt. Bei gesprinklerten Objekten kann die Fläche für die Rauchableitung auf 0,5 Prozent der Grundfläche des Raumes reduziert werden. Bei besonderer Raumgeometrie, insbesondere in mehrgeschossigen Industriebauten, kann eine Einzelbetrachtung über ein Lüftungsgutachten mit Nachweis der Rauchableitung erforderlich werden.

Grundsätzlich sind die großen Hallenflächen in Brandabschnitte zu unterteilen, damit einer Brandausbreitung hinreichend vorgebeugt wird. Von der Industrie werden generell große Brandabschnittsflächen gewünscht, da jede Abschottung den Produktions- und Logistikfluss stören kann. Es gibt ein einfaches System, wonach zulässige Brandabschnittsflächen rechnerisch bemessen werden können. Hierbei fließt die oben erwähnte Brandschutzinfrastruktur durch die Sicherheitskategorie ein, dann die Anzahl der Geschosse des Gebäudes. In Abhängigkeit von der gewünschten Hallenfläche wird die Feuerwiderstandsdauer der tragenden und aussteifenden Bauteile festgelegt. Hierzu zwei Beispiele:

- Sicherheitskategorie K1, d. h. keine besonderen Vorkehrungen, erdgeschossige Halle ohne Anforderungen: maximale Hallengröße 1 800 m².
- Sicherheitskategorie K4, d. h. vollflächige Sprinklerung mit Brandmeldeanlage, erdgeschossige Halle ohne Anforderungen: maximale Hallengröße 10 000 m².

An diesen Beispielen lässt sich erkennen, welche Möglichkeiten es gibt, um angepasste Flächen für die jeweilige Nutzung zu erhalten, ohne störende Feuerschutzabschlüsse und Brandwände. Für sehr große Flächen kann über ingenieurmäßige Verfahren nachgewiesen werden, welche Feuerwiderstandsdauer erforderlich ist. Hierbei können Flächen bis zu 120 000 m² möglich sein.

6.13 Gemischte Nutzungen

Bisher wurden nur Nutzungen betrachtet, die das gesamte Gebäude betrafen. In der Praxis treten jedoch häufig Mischnutzungen auf: In einem Einkaufszentrum ist zusätzlich eine Gaststätte und ein Kino untergebracht, in einem Industriebau die Verwaltung integriert, in einem Hochhaus neben breit angelegten Basisgeschossen zusätzlich eine mehrgeschossige Tiefgarage vorhanden etc. Bei der Behandlung dieser unterschiedlichen Nutzungen ist zu beachten, dass jede Teilnutzung hinsichtlich des brandschutztechnischen Risikos einzeln zu bewerten ist. Hierbei sind auch die Schnittstellen brandschutztechnisch zu bewerten und gemeinsam genutzte Rettungswege ausreichend zu dimensionieren. Meist gibt es in den Landesbauordnungen für die Teilnutzungen eigene Sonderbauvorschriften. In jedem Fall ist die kritischste Nutzung hinsichtlich des Brandrisikos als Grundlage anzusetzen und die Gleichzeitigkeit zu berücksichtigen (z. B. gleichzeitige Räumung von Teilnutzungen, Auswirkungen eines Brandereignisses auf angrenzende Teilbereiche etc.). Eine generelle Aussage ist nicht möglich, es kommt bei der brandschutztechnischen Betrachtung auf den Einzelfall an. Grundsätzlich kann davon ausgegangen werden, dass ein Brandereignis immer nur in einer Teilnutzung auftritt und es nicht an zwei unterschiedlichen Stellen zu einem Entstehungsbrand kommt. Damit grenzt sich das brandschutztechnische Risiko auch bei gemischten Nutzungen auf ein beherrschbares Maß ein.

Literaturverzeichnis

Häger, Axel: Baukunde, Die Roten Hefte 13, 2., überarbeitete und erweiterte Auflage, W. Kohlhammer GmbH, Stuttgart, 2005.

Hauser, Markus; Obermaier, Benjamin: Brandsicherheitswachdienst, Grundlagen – Planung – Durchführung, Die Roten Hefte 96, W. Kohlhammer GmbH, Stuttgart, 2012.

Wiederer, Sebastian; Kircher, Frieder: Brandschutz im Bild, Sichere Brandschutzplanung für Bauvorhaben – Praxisbeispiele, Kommentare, Vorschriften, Weka Media, Kissing.

Messerer Josef; Bachmeier, Peter: Vorbeugender baulicher Brandschutz, 9., aktualisierte Auflage, W. Kohlhammer GmbH, Stuttgart, 2021.

Musterbauordnung – MBO – in der Fassung November 2002, zuletzt geändert durch Beschluss der Bauministerkonferenz vom September 2024.

Muster einer Verordnung über den Bau und Betrieb von Garagen (Muster-Garagenverordnung – M-GarVO) in der Fassung 14. Juli 2022, zuletzt geändert durch Beschluss der Fachkommission Bauaufsicht vom Dezember 2024.

Muster-Richtlinie über bauaufsichtliche Anforderungen an Schulen (Muster-Schulbau-Richtlinie – MSchulbauR) in der Fassung April 2009.

Muster-Richtlinie über den baulichen Brandschutz im Industriebau (Muster-Industriebaurichtlinie – MIndBauRL) in der Fassung Mai 2019.

Muster-Richtlinie über den Bau und Betrieb von Hochhäusern (Muster-Hochhaus-Richtlinie – MHHR) in der Fassung April 2008, zuletzt geändert durch Beschluss der Fachkommission Bauaufsicht vom Februar 2012.

Muster-Verordnung über den Bau und Betrieb von Beherbergungsstätten (Muster-Beherbergungsstättenverordnung – MBeVO) in der Fassung Dezember 2000, zuletzt geändert durch Beschluss der Fachkommission Bauaufsicht vom Mai 2014.

Muster-Verordnung über den Bau und Betrieb von Verkaufsstätten (Muster-Verkaufsstättenverordnung – MVkVO) in der Fassung September 1995, zuletzt geändert durch Beschluss der Fachkommission Bauaufsicht vom Februar 2014.

Musterverordnung über den Bau und Betrieb von Versammlungsstätten (Muster-Versammlungsstättenverordnung – MVStättVO) in der Fassung Juni 2005, zuletzt geändert durch Beschluss der Fachkommission Bauaufsicht vom Februar 2014.

Polthier, Konrad: Vorbeugender Brand- und Explosionsschutz, Methoden – Mittel – Maßnahmen, W. Kohlhammer GmbH, Stuttgart, 1998.

Redaktion BRANDSCHUTZ/Deutsche Feuerwehr-Zeitung (Hrsg.): Das Feuerwehr-Lehrbuch, Grundlagen – Technik – Einsatz, 8., erweiterte und überarbeitete Auflage, W. Kohlhammer GmbH, Stuttgart, 2023.

Rempe, Alfons; Holtermann, Lutz: Handbuch Baukunde, Ein Leitfaden für die Feuerwehr, W. Kohlhammer GmbH, Stuttgart, 1998.

Schneider, Ulrich u. a.: Ingenieurmethoden im Baulichen Brandschutz, Grundlagen, Normung, Brandsimulationen, Materialdaten und Brandsicherheit, 7. Auflage, Expert Verlag, Renningen, 2014.

Tretzel, Ferdinand: Handbuch der Feuerbeschau, 4., völlig überarbeitete und erweiterte Auflage, W. Kohlhammer GmbH, Stuttgart, 2007.

Usemann, Klaus W. (Hrsg.): Brandschutz in der Gebäudetechnik – Grundlagen, Gesetzgebung, Bauteile, Anwendungen, 2., völlig überarbeitete und erweiterte Auflage, Springer Verlag, Heidelberg, 2003.

Von Kaufmann, Florentin; Schmid, Falko: Hochhausbrandbekämpfung, W. Kohlhammer GmbH, Stuttgart, 2010.

Wiederer, Sebastian; Kircher, Frieder: Brandschutz im Bild, Aktuelle Anforderungen an den vorbeugenden baulichen Brandschutz für Bauvorhaben, Bauteile, Baustoffe, Weka Media, Kissing.